术院校视觉传达设计专业教材

版面设计

（第二版）

王 俊 编著

中国建筑工业出版社

序

概述

版面设计的历史印迹

谨以此书献给热爱设计的同仁及同学们

概述

什么是版面设计

也许我们并没有意识到，在现实生活中，我们几乎每天都在接触着与感受着版面设计。

我们翻阅报刊、浏览网页，我们在动人的音乐中欣赏 CD 的封套、品读书籍，我们漫步街道与各种标志、字体、户外广告相遇，我们在商场挑选琳琅满目的包装商品，所有这些行为活动中，我们都在自觉不自觉地感知设计，品味设计，从而作出自己的选择、判断和行动，而这些影响我们心理和行为的信息——图形、文字、符号、色彩，就是通过恰当的版面设计来传达的。

乌韦 · 勒斯 / 继续喘气！ / 多塞多夫政治剧院海报 / 1991 年

版面设计既是技术设计，也是艺术设计

版面设计是一门字体设计和图文整合的工作，在界定的范围内，将文字字体、图形符号、线条线框和颜色色块等有限的视觉元素进行有机的排列组合，并运用造型要素及形式原理，将理性思维个性地表现出来，该项工作既涉及信息传递的结果，也决定作品的美学品质，是一种直觉性、创造性的活动。

版面设计，译自英文“Layout”一词，意为在一个平面上展开和调度，Layout 既有平面设计方面的概念，也有建筑、展示设计等方面的任务和要求。因此，版面设计是现代艺术设计的重要组成部分，是视觉传达的重要手段。它被广泛地应用于报纸、书刊、广告、

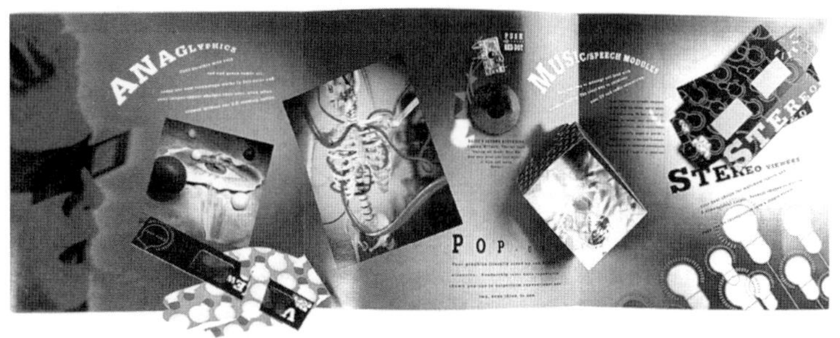

招贴、包装、企业形象和网页等所有平面、影像的领域。版面设计伴随着现代科学技术和经济的飞速发展而兴起，并体现着文化传统、审美观念和时代精神等方面。

教育机构型录手册

原理与实践

随着科技、资讯的发展，平面媒体的发展日益蓬勃，版面设计的形式也日益丰富。

我们经常会被一些看上去很漂亮的印刷品所吸引，但不能很轻松地去阅读当中的每一个项目，经常是文字运用得不得体，字体过小，行距缺乏适当的空间，读起来眼睛感到非常吃力。如果是图像应用得不合理，也会使整本书都显得粗制滥造、低俗而没有档次。

传统的平面印刷品会存在着这么多的问题，那电子媒体就解决这些问题了吗？随着技术的进步，电子媒体给人们带来了革命性的视觉体验。然而，如果你上网去搜索资讯，连续几个小时地面对电脑，你会被许多花里胡哨的东西所迷惑、干扰，面对庞大的信息来源，你却难以接收。这里很重要的原因在于电子媒体版面规划的盲目性，一些媒体设计者只追求表面的视觉冲击力，而没有认真推敲各种信息的有效传达。

对于版面设计者来说，了解传播理论，弄清楚编排的原则，认识你的预设受众，以及掌握沟通传播的目的，这些原则都是设计上常用到的基础原则，我们可以根据这些原则来评估设计的好坏。对于任何设计来讲，既要注意客观的目标是什么，也要考虑到设计的表现手法。好的版面设计必须能创造出知觉性的主观效果，换句话说，就是美感上的享受。但是要判定眼前的设计有没有美感，这比判定信息内容究竟清不清楚要难多了。因为美学的品味是一个很个人主观性的东西，而且因文化而异。

若要想决定哪一种视觉风格或哪一种视觉技巧最能够贴切地表达出某种信息，这比选择字眼或者拼凑语句来传达主观内容要难多了。因为这个世界上没有任何视觉字典，也没有视觉文法可以让你界定各种视觉图形的微妙差异。美学必须适应周边的环境背景，你不仅要考虑历史和文化的背景，也要考虑图形的表现材料、社会的经济状况和预设受众群的教育程度。

概念和内容是版面设计的决定因素，创意是版面设计的核心。

因此，在一开始做版面设计的时候，就不应该只顾及视觉上的安排，反而应该全面了解内容，提出概念，了解观众的接受方式。在很多个案里，设计师面临的问题是：究竟是满足自己的美学品位和企图，还是该为不同品位需求的观众创造另一种设计呢？为了解决这个矛盾，找出一种既可以维持沟通，又能激发读者的美学标准，并加以运用之，设计师们应该要不断扩展、提高自己的知识水平和视觉感受度。

版面设计方法并不是唯一的，设计的原理虽然简单却强有力，它会让你的成果千变万化、不落俗套。

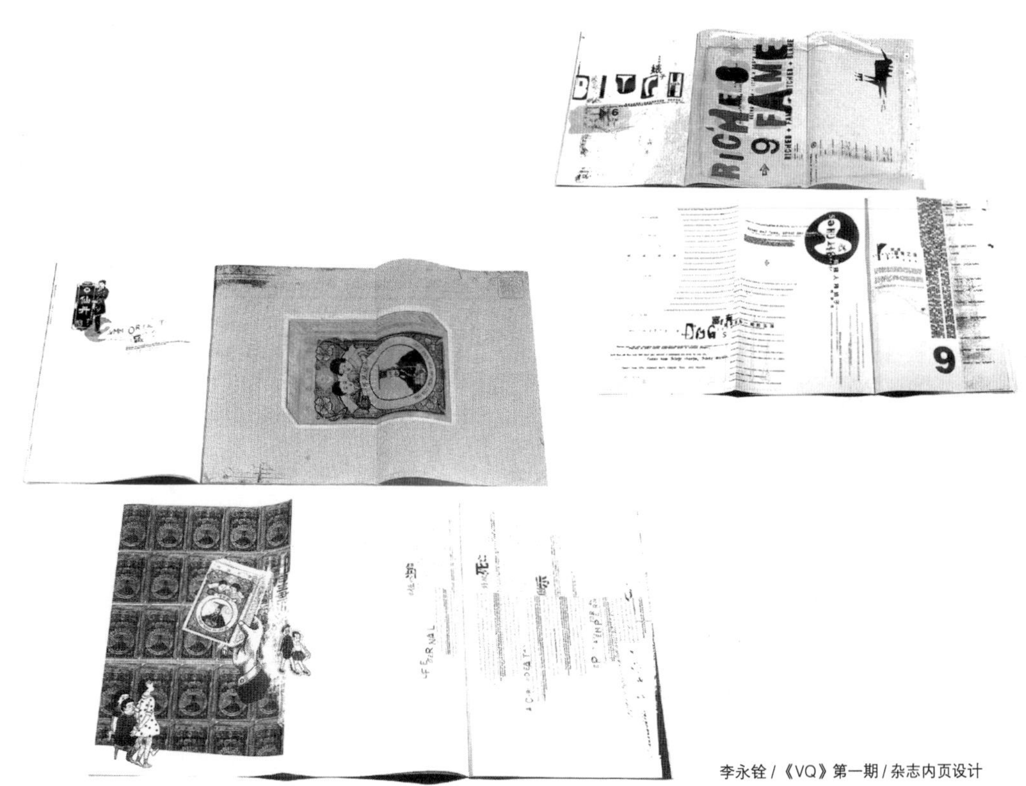

李永铨 / 《VQ》第一期 / 杂志内页设计

世廟識餘錄卷之一

資政大夫太子少保禮部尚書臣徐學謨謹輯

嘉靖元年壬午　上自興都入嗣　皇帝位按正德丁卯八月十日　上生於安陸藩邸是日宮中紅光燭天其年黃河清三百里者五日慶雲見於軫翼軫翼者楚分也　上生五歲即頴敏絶人　獻皇帝口授詩不數過輒成誦稍長讀孝經忽問先王至德要道之指　獻皇帝爲之講解　上即領悟常率之祭祀及進表箋已能周旋中禮其少成若出於天性　獻皇帝崩　上年十四攝興王事明年　毅皇帝大漸

版面设计的历史印迹

对于平面设计师来说，对设计历史的研究可以提供设计创作的灵感，并且增加对设计未来发展的洞察力。设计受到美术的影响，同时也受到科学家、心理学家以及新技术发展的影响。版面设计的理论形成与平面设计史是密不可分的。对于版面设计而言，有两个因素对其发展演变产生重要的影响：一是绘制各种图形和文字的技术手段，二是特定的历史文化背景。

起源

平面设计发展的历史应该说是从书写、文字的创造时开始的。从古代的原始绘画中，我们的祖先就创造了各种形象的符号，因而，也产生了布局、排版等日后版面设计的因素。无论是岩洞石壁上的绘画涂鸦，还是在泥板或兽骨上刻写的各种象形文字，都体现了人们最早的编排意识。由于在当时各种书写材料得之不易，所以当时的画面尽可能放满了图形文字，挤得很满。

苏美尔人（Sumerian）在湿泥板上刻画的楔形文字

在早期的两河流域，苏美尔人（Sumerian）很早就创造了利用木片在湿泥板上刻画的所谓楔形文字。这种文字在公元前 2000 年发展成熟，目前从不少重要的文物中可以看到这种文字的特点。书写者运用一些线条将文字分隔，使画面出现一种节奏上的变化。这也许是世界上对一个平面上各种要素进行分隔处理的最早尝试。

公元前 1420 年古埃及阿尼纸草书写的《末日审判》

对于平面设计影响最大的，也可以视为现代平面设计的雏形的是在纸草上书写的文书。这种被称为埃及文书（Egyptian Hieroglyphs）的文字记录，利用横式布局或者纵式布局，文字本身也是象形的，装饰味道十足的插图和布局，文字书写的精美和流畅都堪称一绝。对于后世的平面设计，特别是版面设计影响很大。

中国是世界上文明发生最早的国家之一。中国文字——汉字是迄今依然被采用的世界上绝无仅有的象形文字。刻画在龟壳和牛肩胛骨上的文字，排列方式都是从右到左，从上到下的，奠定了中文书写以后数千年的基本规范。

中国商代各个时期的甲骨文

金刚般若波罗蜜经卷 \ 唐咸通年间

印刷术是古代中国“四大发明”之一。平面设计与印刷有着极其密切的关系，因此可以说印刷技术产生的国家——中国，是奠定平面设计基础的国家。现在存世最早的印刷品是中国唐代的《金刚经》，是 868 年的印刷本，其中包括了插图、文本、标题三个基本部分，已经具备了平面设计的几乎所有要素。中国也是发明纸张的国家，历史记载了汉代的蔡伦发明造纸，考古发现了东汉时期的原始纸张，这些因素都促进了中国早期版面设计的发展。

妙法莲华经七卷 \ 宋临安府贾官人经书铺刻本

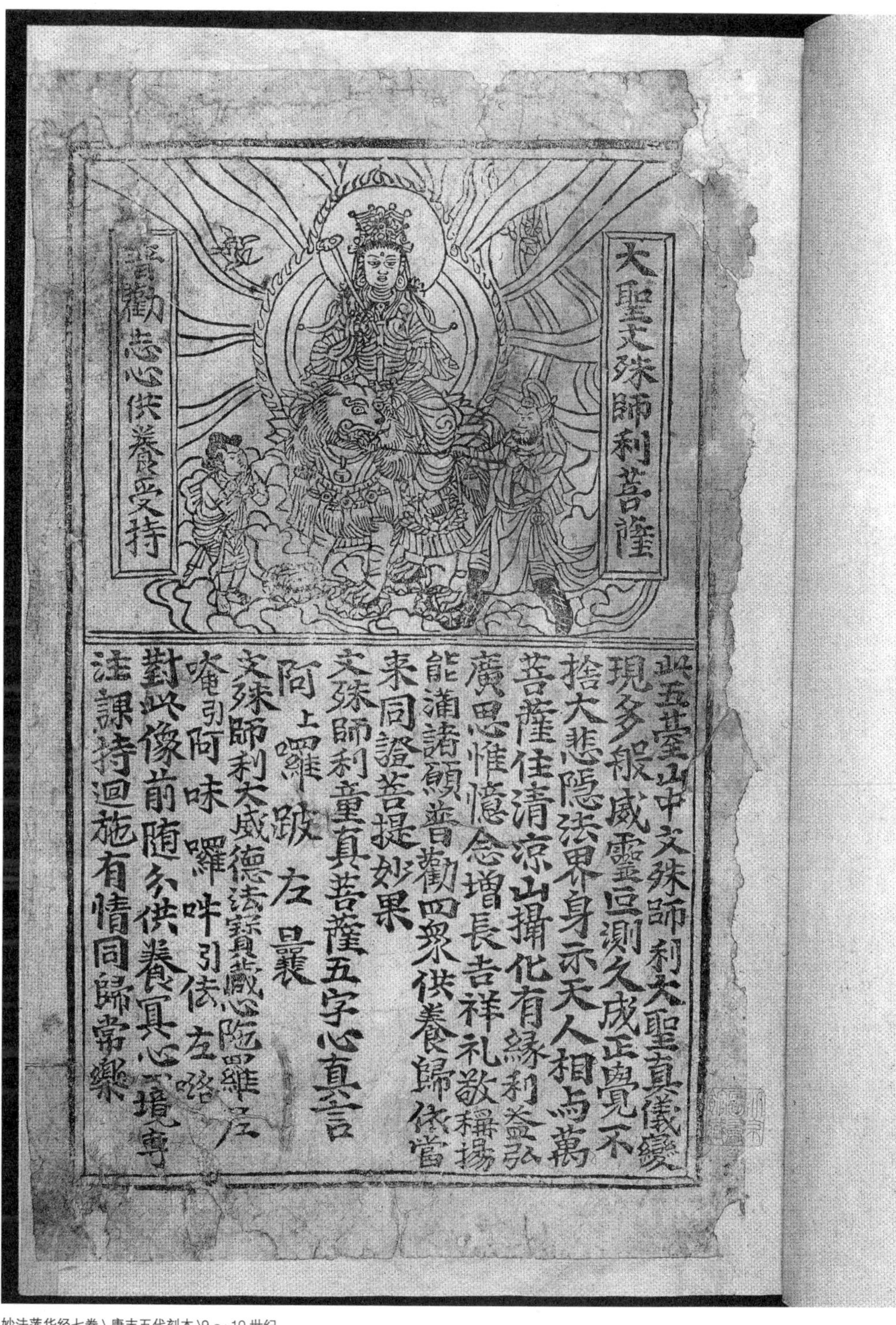

大聖文殊師利菩薩

普勸志心供養受持

此五臺山中文殊師利大聖真儀變
現多般威靈叵測久成正覺不
捨大悲隱法界身示天人相與萬
菩薩住清涼山攝化有緣利益弘
廣思惟億念增長吉祥礼敬稱揚
能滿諸願普勸四衆供養歸依當
来同證菩提妙果
文殊師利童真菩薩五字心真言
阿上囉跛左曩
文殊師利大威德法寶藏心陀羅尼
唵引阿味囉吽引佉左唥
對此像前隨分供養冥心一境專
注課持迴施有情同歸常樂

妙法莲华经七卷 \ 唐末五代刻本 \9 ～ 10 世纪

自唐代以后，出现了印刷的佛教经文。为了传播佛教教义，到宋代以后，开始有人利用印刷出版宗教以外的读物。宋代是承前启后的重要时期，发达昌盛的刻书事业，对后世的版面设计产生了极其深远的影响。

宋代的刻书，逐步形成一定的版式风格。北宋刻本，版面多为双边，版心黑线较细或不印黑线，称白口，字的行间比较宽阔，字体较大。南宋之后，书口黑线由细变粗，黑口比较流行。版框多为单边，或上、下单边，左右双边。书内不固定的部分，常印有刻书人的牌记。宋版书中，在版面左栏（有时也在右栏）往往刻印一小方格，格内略记书的篇名，称书耳或耳子。有的书，把整版面分成上、下两栏，或三栏。每栏内再刻印文字。这种版面分栏的书籍，一般在大众日用书、举子场屋书或通俗文学小说之类的书中，特别常见。

毕昇（？— 1051 年）发明了活字技术，到公元 1300 年前后，中国开始广泛采用活字型。真正用在印刷上的字体种类主要是楷书、宋体，以及近代采用的改良宋体——仿宋体。中国与印刷相关的版面设计长期处于一个基本稳定的形式之中，变化缓慢，虽然其中也有突破，但是突破的程度，充其量也只不过是改良。

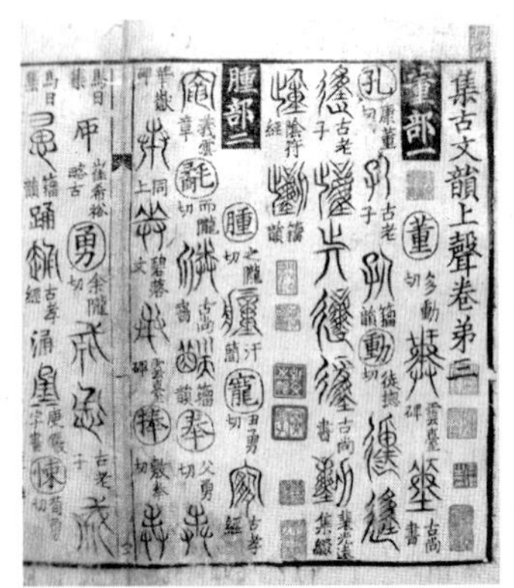
集古文韻上聲卷弟三

集文古韵上声卷 / 宋绍兴九年修本

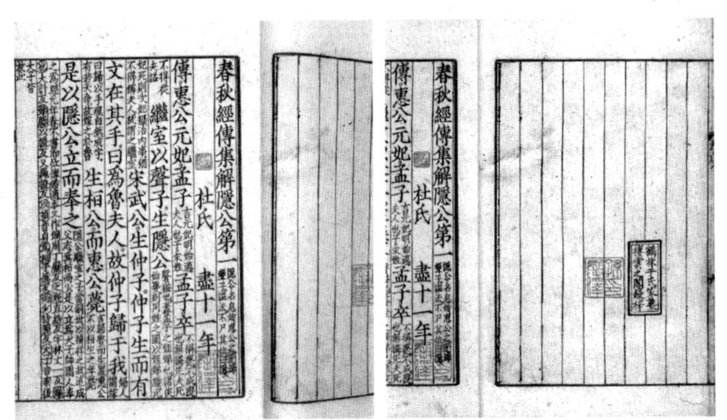
春秋經傳集解隱公第一

杜氏

盡十一年

春秋經傳集解隱公第一

杜氏

盡十一年

春秋经传集解三十卷 / 宋刻本

资治通鉴二百九十四卷目录三十卷 / 宋绍兴二年至三年刻本

資治通鑑卷第一

朝散大夫右諫議大夫權御史中丞充理檢使上護軍賜紫金魚袋臣司馬光奉

勑編集

周紀一 起著雍攝提格盡玄黓困敦凡三十五年

威烈王

二十三年初命晉大夫魏斯趙籍韓虔爲諸侯 臣光曰臣聞天子之職莫大於禮禮莫大於分分莫大於名何謂禮紀綱是也何謂分君臣是也何謂名公侯卿大夫是也夫以四海之廣兆民之衆受制於一人雖有絕倫之力高世之智莫敢不奔走而服役者豈非以禮爲之綱紀哉是故天子統三公三公率諸侯諸侯制卿大夫卿大夫治士庶人貴以臨賤賤以承貴上

欧洲早期的印刷和平面设计

欧洲印刷的真正起点是与金属活字的发明分不开的。

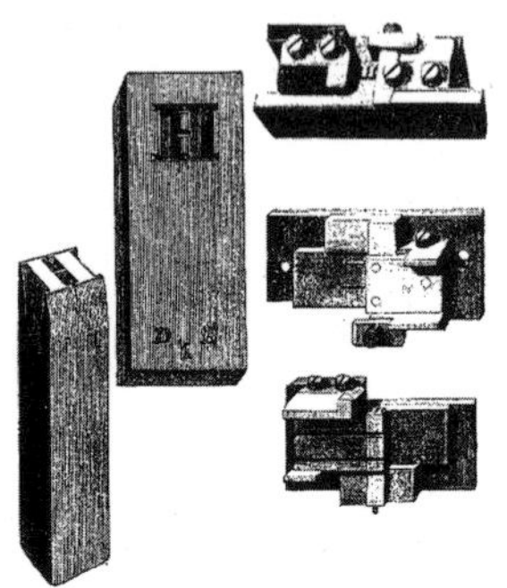

19 世纪采用的基于古腾堡活字体系的印刷金属活字构件

15 世纪，来自德国的金属工匠——约翰 · 古腾堡（Johann Gensfleischzum Gutenberg），发明了西方最早的金属活字印刷，也改变了印刷材料。因为欧洲文字全部都是拼音字母，因此，活字的种类并不多，印刷的改革也比中国的汉字改革容易得多。印刷一经发明，使欧洲经济、文化、社会得到很大的发展，无论文艺复兴还是启蒙运动，都与印刷分不开。

这组木刻版画描写了古腾堡活字印刷的整个过程，显示了欧洲自 15 世纪末以来的印刷技术分工和具体的工作情况

欧洲出版业得到极大促进，平面设计也发展到一个新的高度。版面设计逐渐取代了旧式的木刻制作的木版印刷。金属活字的出现，首先造成可以把文字和插图进行比较灵活的拼合方式，这就是现代意义的“排版”，英文称为“Topography”，这样，设计的变化性和灵活性就产生了。

插图艺术家和书籍设计家阿伯里奇 · 杜勒（Albrecht Durer）是德国文艺复兴晚期的最重要艺术家之一，他的大部分作品是通过书籍插图的方式表达和流传下来的，他是世界上最早的平面设计艺术家之一。1498 年，杜勒为《启示录》（The Apocalypse）一书作了 15 张极其精彩的木刻插图，描绘生动，线条丰富，黑白处理得当，构图紧凑，成为这个时期德国艺术登峰造极的代表作。他于 1525 年出版了自己有关书籍设计的理论著作《运用尺度设计艺术的课程》，讨论了如何把几何比例和几何图形运用到建筑、装饰、书籍设计和字体设计上，在美术理论、设计技法的研究上具有相当重要的意义。

杜勒在 1525 年出版的绘画教材的一页，使用木刻插图介绍绘画技巧，其中可以看到他为了辅助绘画设计的取景框

文化的繁荣，自然带动了出版业的繁荣，而出版的繁荣，是版面设计发展的先决条件。16 世纪因此被称为“法兰西版面设计的黄金时期”。其中涌现了一批非常杰出的书籍设计家、平面设计家，比如在书籍设计上创造高度典雅和华贵风格的乔佛雷 · 托利（Geoffroy Tory）和字体设计家克劳德 · 加拉蒙（Claude Garamond）都是非常杰出的代表人物。托利出版的书籍插图精美，装饰讲究，大写字母装饰得体大方，影响到后来的法国书籍设计、版面设计和插图设计，因此具有重要的意义。

法国设计家乔佛雷 · 托利 1506 年设计的书籍中的一页

经过文艺复兴时期书籍出版和平面设计有声有色的发展之后，就显得比较沉寂，17 世纪相对来说较少有重要的突破和发明。17 世纪在版面设计上有一个非常重要的突破，那就是世界上第一张报纸于这个世纪初在德国出现，这是于 1609 年开始在德国的奥格斯堡每日出版的《阿维沙关系报》。

18 世纪，不少欧洲的君王对于印刷的意义和重要性有了深刻的认识，从而促进了国家和民间的印刷业发展，而印刷的发展则促进了平面设计的发展。

法国成立管理印刷的皇家特别委员会，要求设计出新的字体。委员会以罗马体为基础，采用方格为设计的比例依据，每个字体方格分成 64 个基本方格单位，每个方格单位再分成 36 小格，这样，一个印刷版面就由 2304 个小格组成。在这严谨的几何方格网络中设计字体的形状，编排版面，试验传达功能的效能，是世界上最早对字体和版面进行科学试验的活动。在大量科学试验的基础上，他们设计出了比较科学，同时又比较典雅的新罗马字体——“帝王罗马体”（Romaindu Roi）。

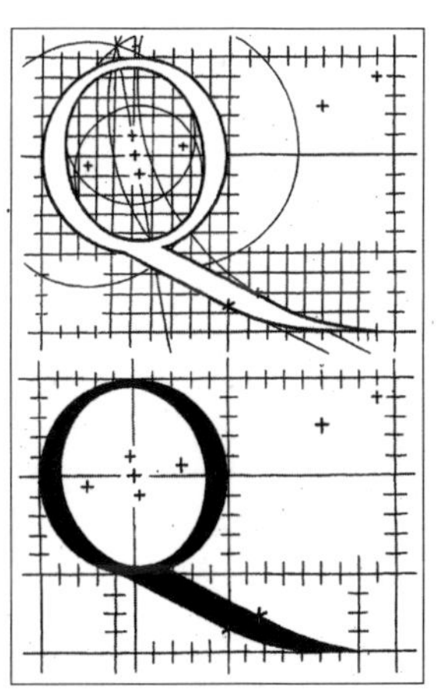

托利采用严格的数学方法设计字体体系

法国波旁王朝是法国封建时期登峰造极的阶段，国家富强，皇

室生活奢华，他们追求的设计风格包括比较庄重奢华的巴洛克（Baroque）和比较典雅的、富有女性温柔特征的洛可可（Rococo）风格。

1786 年，英国成立了“莎士比亚印刷公司”，出版包括莎士比亚在内的杰出作家的著作，促进了印刷和设计质量的大幅度提高。无论从设计、字体创作、插图，还是从印刷质量来说，都达到了新的水平。

P. VIRGILII MARONIS

GEORGICON.

LIBER SECUNDUS.

HACTENUS arvorum cultus, et ſidera cœli:
Nunc te, Bacche, canam, nec non ſilveſtria tecum
Virgulta, et prolem tarde creſcentis olivæ.
Huc, pater o Lenæe; (tuis hic omnia plena
Muneribus: tibi pampineo gravidus autumno
Floret ager; ſpumat plenis vindemia labris)
Huc, pater o Lenæe, veni; nudataque muſto
Tinge novo mecum direptis crura cothurnis.
Principio arboribus varia eſt natura creandis:
Namque aliæ, nullis hominum cogentibus, ipſæ
Sponte ſua veniunt, campoſque et flumina late
Curva tenent: ut molle ſiler, lentæque geniſtæ,
Populus, et glauca canentia fronde ſalicta.
Pars autem poſito ſurgunt de ſemine: ut altæ
Caſtaneæ, nemorumque Jovi quæ maxima frondet
Aeſculus, atque habitæ Graiis oracula quercus.
Pullulat ab radice aliis denſiſſima ſilva:
Ut ceraſis, ulmiſque: etiam Parnaſſia laurus
Parva ſub ingenti matris ſe ſubjicit umbra.
Hos natura modos primum dedit: his genus omne
Silvarum, fruticumque viret, nemorumque ſacrorum.
Sunt alii, quos ipſe via ſibi repperit uſus.
Hic plantas tenero abſcindens de corpore matrum
Depoſuit

波多尼在 1818 年设计的《版面手册》的一页，具有欧洲 19 世纪初期的“现代”版面的雏形

欧洲现代平面设计的突破，应该是从现代字体的形成开始的。而对于这个突破的主力设计家是意大利人波多尼（Giambattista Bodoni）。波多尼以古典风格的新认识和评价，创造出一种新的风格——“现代”体例，取代矫揉造作的洛可可风格。所谓“现代”体，不是一种字体，而是一个系列的字体，是对古典罗马体的改进，被视为新罗马体，这种字体体系非常清晰典雅，更加具有良好的传达功能。

工业时代的版面设计

西方国家的工业革命是 1760 年左右从英国开始发展的，一直延续到 1840 年，共有近百年的发展时间。从平面设计来看，这个时期的主要变化，除了行业、职业分工精细、专业化之外，摄影技术的发明和发展，极大地改变了平面设计的发展方向。19 世纪是最富有创造、发明精神的世纪，平面设计在这个百年中取得了以往数百年，乃至千年也没有过的巨大发展，从而影响到 20 世纪平面设计的面貌。

平面设计的各个因素，比如字体、版面编排风格和方式、插图风格和手段、标志等，都在工业化时期发生了巨大的变化。平面风格和字体风格极大地丰富起来，涌现出无数种新字体，出现了字体设计的大繁荣和大混乱状况。

1838～1824 年期间伍兹设计的一系列花哨的美术字体

19 世纪，印刷机械和印刷技术都有了很大的进步，对于印刷业和设计业有很大的促进作用。随着机械排版设备的不断研发，印刷工艺上的瓶颈——排版问题得到很好的解决，也直接影响了版面设计的发展。

1826 年尼伯斯拍摄的第一张户外风景照片，虽然模糊，但是依然可以看见房屋和远景

马修 · 布莱迪 1865 年拍摄的照片

利用这张照片改成的金属蚀版面

1820 年，法国人约瑟夫 · 尼伯斯（Joseph Niepce）发明了最早的摄影技术。但是，进一步改善摄影技术，使摄影进入实用阶段的是另一个法国人——路易斯 · 达盖尔（Louis Jacques Daguerre）。摄影的快速发展成为大众新的娱乐形式，也成为新闻、印刷行业的重要媒介，人们开始尝试将摄影技术用于印刷制版，并不断探索与试验，出现了丝网制版的报纸新闻照片。摄影技术、摄影设备和摄影材料方面的探索，为 20 世纪的平面设计开辟了一个新天地，促进了现代平面设计的发展。

19 世纪的版面设计发展

1884 年美国总统竞选的海报，以维多利亚风格设计的政治宣传品

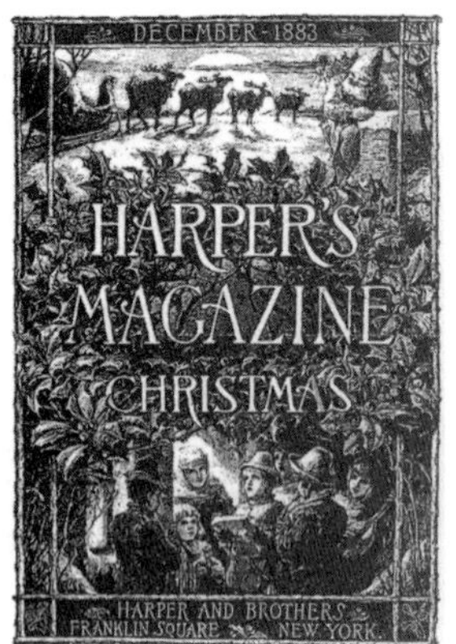

1883 年提兹设计的《哈泼杂志》封面，典型的维多利亚风格

维多利亚时期的版面设计风格

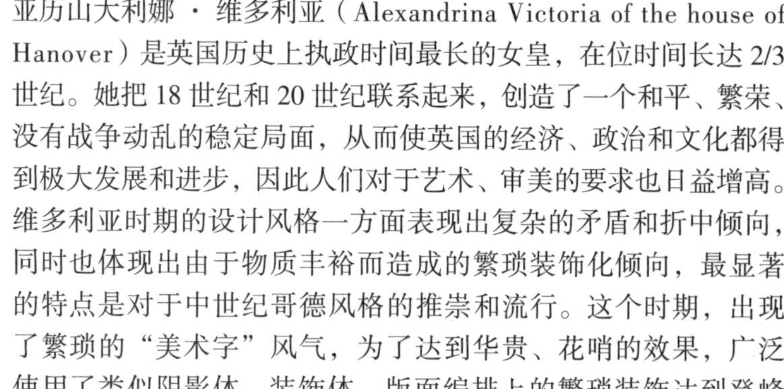

亚历山大利娜 · 维多利亚（Alexandrina Victoria of the house of Hanover）是英国历史上执政时间最长的女皇，在位时间长达 2/3 世纪。她把 18 世纪和 20 世纪联系起来，创造了一个和平、繁荣、没有战争动乱的稳定局面，从而使英国的经济、政治和文化都得到极大发展和进步，因此人们对于艺术、审美的要求也日益增高。维多利亚时期的设计风格一方面表现出复杂的矛盾和折中倾向，同时也体现出由于物质丰裕而造成的繁琐装饰化倾向，最显著的特点是对于中世纪哥德风格的推崇和流行。这个时期，出现了繁琐的“美术字”风气，为了达到华贵、花哨的效果，广泛使用了类似阴影体、装饰体，版面编排上的繁琐装饰达到登峰造极的地步。

尽管维多利亚风格在设计上达到了相当高的水准，但是精致复杂的设计和制作只能成为少数人享用的阳春白雪。人们在反对“机器”给设计带来的粗制滥造的同时，也在批评维多利亚风格的奢华造作。

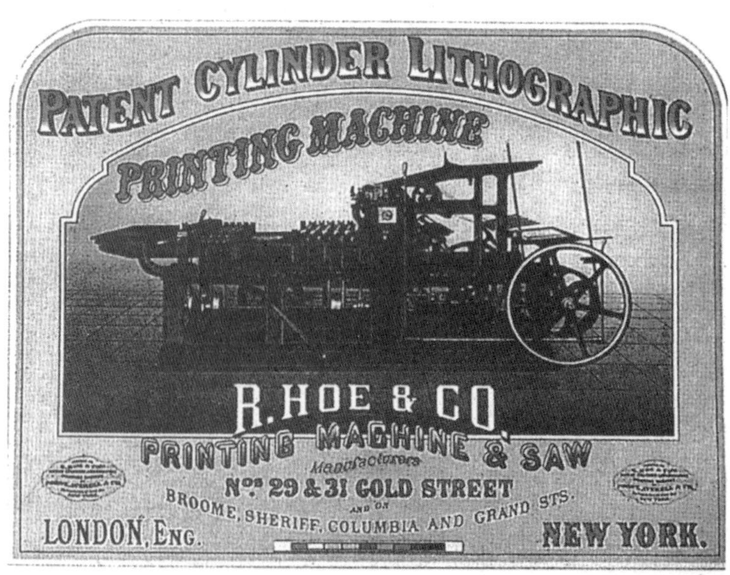

1870 年英国佛斯特印刷公司出版的印刷机广告，典型的维多利亚风格的平面设计

“工艺美术”运动的平面设计

“工艺美术”运动是起源于英国19世纪下半叶的一场设计运动，这个运动的背景是工业革命以后大批量工业化生产和维多利亚风格的繁琐装饰两方面造成设计水准急剧下降，导致英国和其他国家的设计家希望从传统的设计中和远东的设计风格中吸取借鉴的因素，从根本上改变和扭转设计颓废的趋势。

英国“工艺美术”运动代表人物之一阿什比1902年所作的书籍设计

“工艺美术”运动最主要的代表人物是英国设计家、诗人和社会主义者威廉 · 莫里斯（William Morris）。他的设计涉及许多领域，不仅包括平面设计，也有建筑、室内、产品、纺织品等。对于他来说，无论是古典风格和现代风格，都不足以取，唯一可依赖的就是中世纪的、哥特的、自然主义的这三个来源。

莫里斯在版面设计上的贡献是突出的，从版面编排到插图设计，都非常精心，努力恢复中世纪手抄本的装饰特点。以莫里斯为首的“工艺美术”运动家创造了许多被以后设计家广泛运用的版面构成形式，比较典型的有：将文字和曲线花纹拥挤地结合在一起，将各种几何图形插入和分隔画面。

莫里斯的设计尽管十分精美，但仍显复杂繁琐，在制作成本、工艺技术等方面都给印刷和装订造成了困难，特别是那种充满繁复图案的画面给观众在接受设计所要传达的信息时造成了障碍。

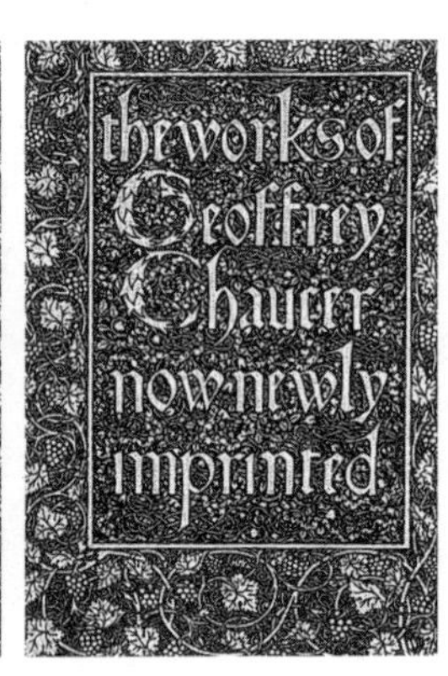

1896 年莫里斯设计的《吉奥弗累 · 乔梭作品集》扉页，是“工艺美术”运动登峰造极之作

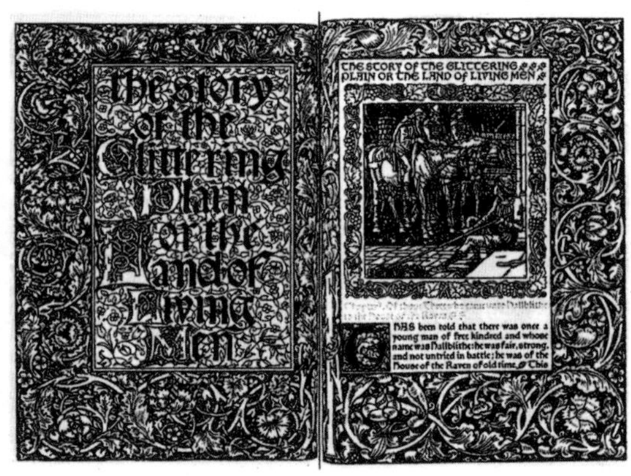

莫里斯设计的《呼啸平原的故事》一书的扉页，此书是“工艺美术”运动风格最集中和典型的体现

THE ARTS AND CRAFTS OF TODAY. BEING AN ADDRESS DELIVERED IN EDINBURGH IN OCTOBER, 1889. BY WILLIAM MORRIS.
‘Applied Art’ is the title which the Society has chosen for that portion of the arts which I have to speak to you about. What are we to understand by that title? I should answer that what the Society means by applied art is the ornamental quality

莫里斯设计的新字体“金体”，显现了他对于复兴早期威尼斯印刷风格和古典字体风格的兴趣

“新艺术”运动

“新艺术”运动（Art Nouveau）是19世纪末、20世纪初在欧洲和美国产生和发展的一次影响面相当大的装饰艺术运动。延续时间长达20余年，是设计上一次非常重要、强调手工艺传统的、具有相当影响力的形式主义运动。

“新艺术”是一场运动，而不是一个完全统一的风格，它在设计上有非常重要的突破：对长期以来弥漫设计界的所谓“历史主义”的否定。“新艺术”是历史上第一个完全抛弃对以往的装饰和设计风格的依赖，完全从自然中吸取设计装饰动机的设计运动。

这个运动处在两个时代的交叉时期，旧的、手工艺的时代接近尾声，新的、工业化的、现代化的时代即将出现，是新旧交替时期的过渡阶段。

THE STUDIO

AN ILLVSTRATED MAGAZINE OF FINE AND APPLIED ART.

Artists as Craftsmen. No. I.
Sir Frederic Leighton as a Modeller.
The Growth of Recent Art.
By R. A. M. STEVENSON.
A New Illustrator: Aubrey Beardsley
By JOSEPH PENNELL.
Spitalfields Brocades.
By LASENBY LIBERTY.
Designing for Book-plates.
Spain as a Sketching Ground.
By FRANK BRANGWYN.
The Newlyn Point of View.
The Grafton Gallery.
By C. W. FURSE.
News of the Month. Reviews. &c. &c.

With Auto-lithograph (33 × 15),
“WEED BURNERS IN THE FENS.”
By R. W. MACBETH, A.R.A.

SIXPENCE | OFFICES: 16 HENRIETTA ST. COVENT GARDEN. LONDON | MONTHLY

英国“新艺术”运动的重要代表设计家，插图画家比亚兹莱在1893年设计的首期《工作室》封面

美国“新艺术”运动设计家布莱迪1894年设计的《内陆印刷家》杂志封面，具有非常独到的“新艺术”特征

20 世纪初的现代版面设计

如果说以往数千年的设计史是一个逐渐变化的过程，那么 20 世纪的设计发展则是一个革命的过程。

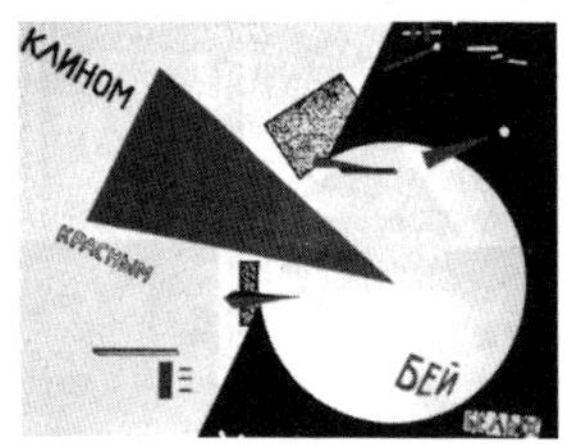

李西斯基 1919 年设计的革命海报“红色楔子攻打白军”

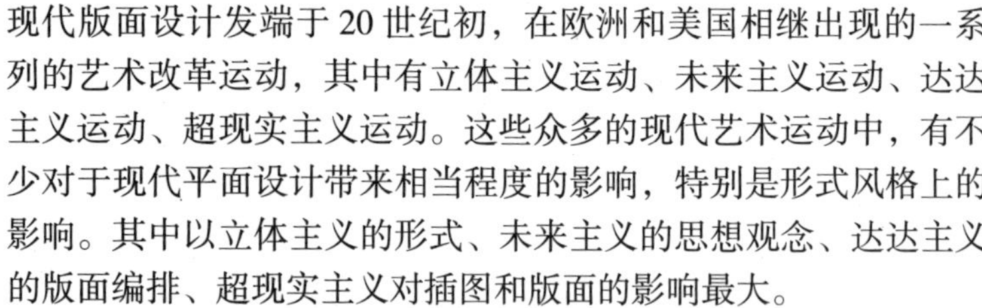

现代版面设计发端于 20 世纪初，在欧洲和美国相继出现的一系列的艺术改革运动，其中有立体主义运动、未来主义运动、达达主义运动、超现实主义运动。这些众多的现代艺术运动中，有不少对于现代平面设计带来相当程度的影响，特别是形式风格上的影响。其中以立体主义的形式、未来主义的思想观念、达达主义的版面编排、超现实主义对插图和版面的影响最大。

俄国构成主义

俄国的构成主义设计是俄国十月革命之后初期的艺术和设计探索运动，其主要代表人物是埃尔 · 李西斯基（Eleanzar [El] Lissitzky）。他的设计简单明确，以简明扼要的纵横版面编排为基础，从来不在平面设计上搞装饰，字体全部是无装饰线体。李西斯基在平面设计上的另一重大贡献是广泛采用照片剪贴来设计插图和海报。照片剪贴是达达主义使用的手法之一，而他进一步发展了这个方法，广泛使用在政治宣传海报的设计和制作上，效果非常突出。

李西斯基设计的书籍《呐喊》内页

李西斯基 1929 年设计的展览海报，采用构成主义、未来主义、拼贴等当时非常前卫的手法

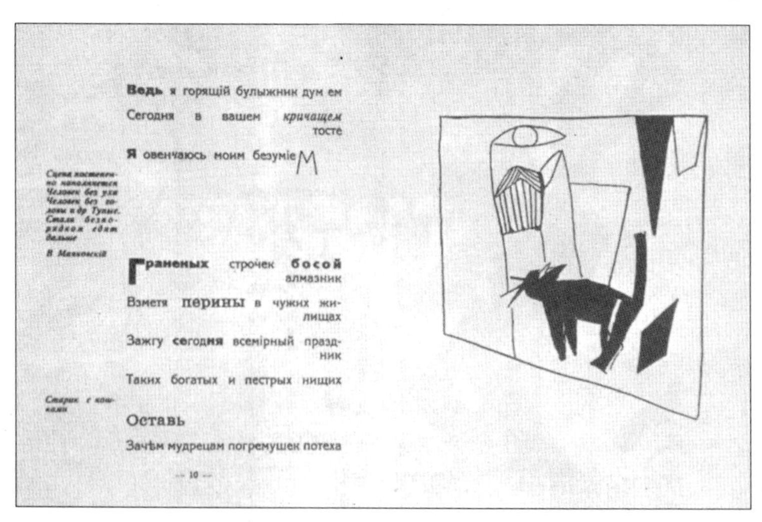

Ведь я горящій булыжник дум ем
Сегодня в вашем кричащем тосте
Я овенчаюсь моим безуміем
Граненых строчек босой алмазник
Взметя перины в чужих жилищах
Зажгу сегодня всемірный праздник
Таких богатых и пестрых нищих
Оставь
Зачѣм мудрецам погремушек потеха
— 10 —

俄国构成主义平面设计家留克兄弟 1914 年设计的书籍

荷兰的“风格派”运动

荷兰的“风格派”运动是与俄国的构成主义运动并驾齐驱的重要现代主义设计运动，它的思想和形式都起源于蒙德里安的绘画探索。荷兰的“风格派”的平面设计主要集中体现在《风格》杂志的设计上，特点是高度理性，完全采用简单的纵横编排方式，字体完全采用装饰线体，除了黑白方块或者长方形之外，基本没有其他装饰，直线方块组合文字成了基本的视觉内容。在版面上采用非对称方式，但是追求非对称之中的视觉平衡。“风格派”确立了一个艺术创作和设计的明确目的，强调艺术家、设计师的合作，强调联合基础上的个人发展，强调集体和个人之间的平衡。

荷兰“风格派”大师蒙德里安的绘画作品奠定了风格派设计的形式基础

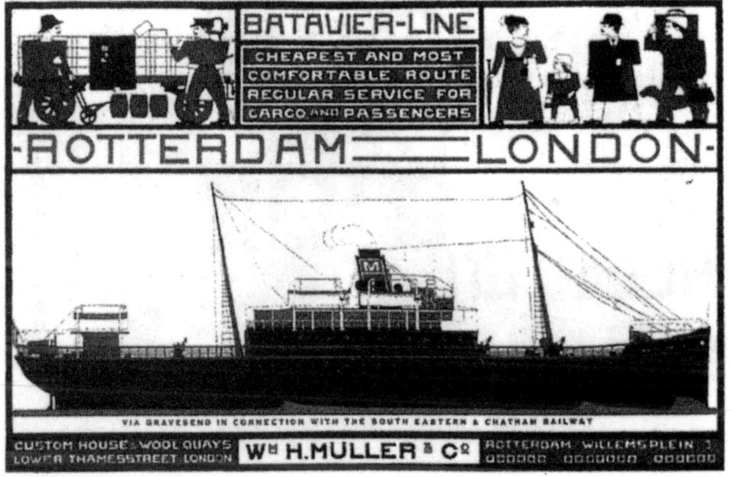

“风格派”代表人物巴特 · 凡 · 德 · 列克 1915 年设计的巴塔维轮船公司海报

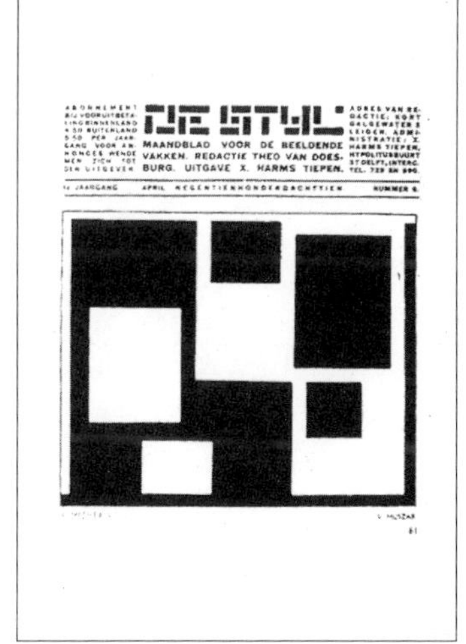

“风格派”代表人物胡扎设计的几期《风格》杂志的书名页

包豪斯与新的平面设计体系

1919 年由德国著名的建筑家沃尔特 · 格罗皮乌斯在德国魏玛市建立的“国立包豪斯学院”，是欧洲现代设计集大成的核心。格罗皮乌斯的设计思想具有鲜明的民主色彩和社会主义特征。他一直希望他的设计能够为广大的劳动人民服务而不仅仅是为少数权贵服务。对于平面设计来说，包豪斯所奠定的思想基础和风格基础，是决定性的，战后的国际主义平面风格在很大程度上是在其基础上发展起来的。

莫霍里 · 纳吉（Laszlo Moholy-Nagy）对于包豪斯具有决定性的影响，在各方面积极推进俄国构成主义。他的平面设计强调几何结构的非对称性平衡，严谨的结构，完全不采用任何装饰细节，具有简明扼要、主题鲜明和时代感等特点。莫霍里 · 纳吉是大量采用照片拼贴、抽象摄影技术来从事设计的先锋之一，在他的影响下，包豪斯成为世界美术和设计教育史上第一所重视摄影甚于重视绘画的学院。

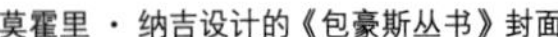
莫霍里 · 纳吉设计的《包豪斯丛书》封面

赫伯特 · 拜耶（Herbert Bayer）曾负责包豪斯的印刷设计系，他主要集中在字体设计上，习惯采用非常简单的字体，他创造了无饰线体、小写字母为中心的新字体系列。包豪斯的出版物基本采用他的字体，形成当时在字体设计、平面设计上最为先进的局面。现在，无饰线体已经成为世界字体中最为重要的类型之一。拜耶主张从印刷页面中摒弃有关个人价值的东西，只在设计中留下完

1926 年拜耶设计的《康定斯基 60 寿辰回顾展》海报

1923 年拜耶设计的包豪斯展览目录封面，是欧洲第二次世界大战前形成的现代平面设计风格的集中体现

abcdefghi
jklmnopqr
stuvwxyz
a dd

1925 年拜耶开始一系列的字体设计探索，此为他在包豪斯设计的几种无饰线字体，是当时包豪斯通用的字体，广泛使用在包豪斯的出版物上

全合乎逻辑的和功能性的东西。

包豪斯（Bauhaus）作为一种设计体系在当年风靡整个世界。虽然后现代主义的崛起对包豪斯的设计思想来说是一种冲击、一种进步，但在现代许多平面设计中，包豪斯的思想和美学趣味可以说整整影响了一代人。其中某些思想、观念对现代版面设计和技术美学仍然有启迪作用。包豪斯对版面设计的要求是“形象上它不采取模仿何种风格样式，也不作装饰点缀，只是采取简洁和线条分明的设计，每一个局部都自然融合到综合的体积的整体中去。这样的美观效果同样符合我们物质方面和心理方面的要求。”

“新版面”设计风格

20 世纪 20 ～ 30 年代的“新版面”（New Typography）风格将现代派美术的创作观念引入版面设计的领域，发展了一整套革命性的方法，其关键人物是德国的简 · 奇措德（Jan Tschichoid）。他认为新时代的平面设计的主要目的是准确的视觉传达，而不是陈旧的装饰和美化；他认为越简单的版面会达到越准确和有效的视觉传达目的，因此，主张印刷界和平面设计界采用崭新的平面设计风格，特别是荷兰“风格派”、俄国构成主义和包豪斯的设计风格。

1929 年朱斯特 · 史密特设计的《包豪斯》校刊封面

简 · 奇措德的设计采用简单的纵横非对称式版面编排，没有具体的插图，采用编排构成平面的韵律感，利用字体的大小不同达到强烈的视觉效果。他采用简单的字体，特别是代表新时代的无饰线体，除了黑色和红色之外，他基本上不采用其他的色彩，因此，视觉的力度基本依靠强烈的黑白对比和版面编排来达到。他设计的版面没有任何多余的装饰，简单到了无所复加的地步，具有强烈的功能主义和减少主义特点。

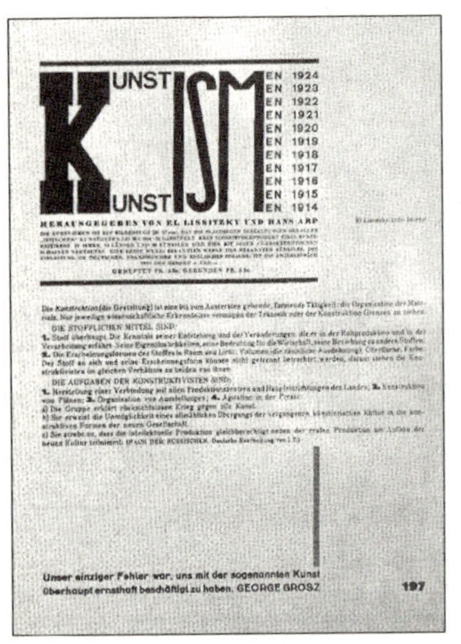
KUNST ISMEN
KUNST
EN 1924
EN 1923
EN 1922
EN 1921
EN 1920
EN 1919
EN 1918
EN 1917
EN 1916
EN 1915
EN 1914
HERAUSGEGEBEN VON EL LISSITZKY UND HANS ARP

Unser einziger Fehler war, uns mit der sogenannten Kunst überhaupt ernsthaft beschäftigt zu haben. GEORGE GROSZ
197

1924 年简 · 奇措德设计的《版面的元素》文章内页

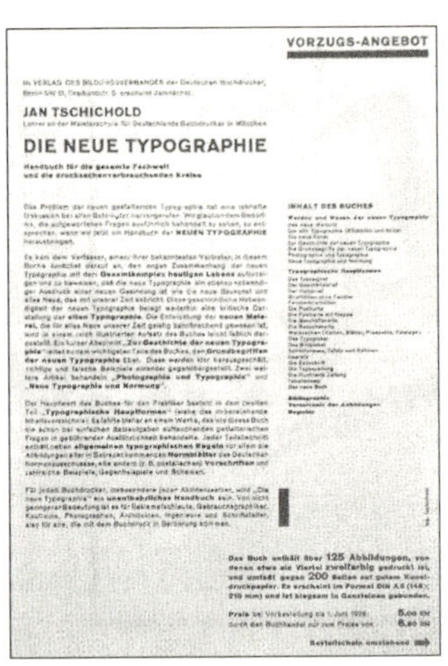
VORZUGS-ANGEBOT

JAN TSCHICHOLD

DIE NEUE TYPOGRAPHIE

INHALT DES BUCHES

1928 年简 · 奇措德为自己的著作《新版面设计》所设计的内页

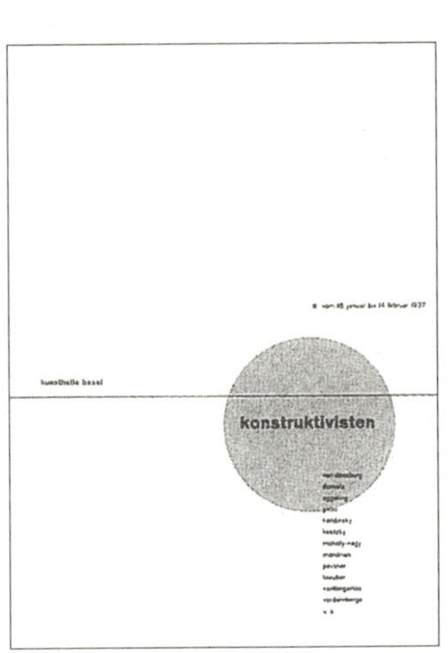

1937 年简 · 奇措德设计的展览海报，具有鲜明的现代主义风格特征

DIE NEUE GESTALTUNG
IWAN TSCHICHOLD

1928 年简 · 奇措德设计的《版面的元素》文章内页

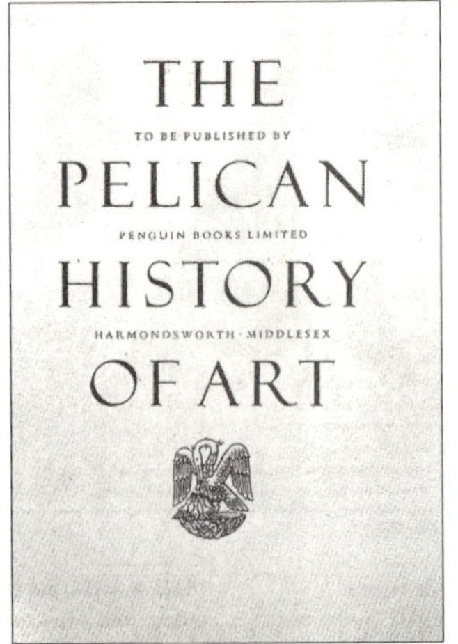

1947 年简 · 奇措德设计的《鹈鹕艺术史》的封面

1927 年简 · 奇措德为电影《裤子》设计的海报

美国的现代主义设计运动

美国是一个移民国家，20 世纪 20 ～ 30 年代，越来越多的欧洲设计家移民美国，或与美国的出版公司建立设计关系，从而影响了美国的平面设计发展。

在美国平面设计界最早引起震动的是奇措德《版面的元素》的发表。欧洲设计的两种无装饰线字体，即“未来体”和“卡别尔体”进入美国，使版面编排方式简单朴素，减少了传统装饰图案，进一步刺激了美国现代主义运动的兴起。

第二次世界大战爆发，欧洲最杰出的艺术家和设计家，包豪斯的核心人物都纷纷移民美国，极大地促进了美国的艺术和设计。

1941 年卡卢设计的美反纳粹海报是最典型的美国现代主义风格平面设计作品

1937 年比尔为美国农村电力化管理局设计的自来水海报，考虑到文盲的需求，因此尽量采用图形，减少文字，一目了然

卡桑德拉 1938 年设计的美国集装箱公司广告

国际主义平面设计风格的形成

20 世纪 50 年代，国际主义平面设计风格成为国际最流行的风格，特点是：力图通过最简单的网格结构和近乎标准化的版面公式，达到设计上的统一性。这种风格往往采用方格网为设计基础，无论是字体，还是插图、照片、标志等，都规范地安排在这个框架中，因而排版上往往出现简单的纵横结构，而字体也往往采用无饰线体，因此得到的平面效果非常公式化和标准化，故而具有简单明确的视觉特点。直到现在，国际主义风格依然在世界各地的平面设计中比比皆是。

虽然如此，国际主义风格也比较刻板，流于程式，给人一种千篇一律的、单调的、缺乏个性和情感的设计特征感觉，面对不同的对象采取同样的手法，提供同样的风格，因而也被强调视觉美的设计家们所批评和反对。

ulm 1

佛洛绍 1958 年设计的德国乌尔姆设计学校的目录，高度功能主义和理性主义的国际主义风格完全形成，开始影响世界各国的平面设计

瑞士经典版面风格

第二次世界大战前后，瑞士涌现了不少重要的平面设计家。新的无饰线字体风格被创造，“赫尔维提加体”（Helvetica）是其中最杰出的，直到现在，它仍是最流行的无饰线体，电脑字库中常有它的存在。

Helvetica
Helvetica Italic
Helvetica Medium
Helvetica Bold
Helvetica Bold Condensed

Helvetica 字体是当今无饰线体中最普遍、最常用的基本标准字体，对国际主义平面设计风格在全球的普及起着重要的推动作用

1959 年出版的《新平面设计》杂志，把瑞士设计家的探索、实验、设计哲学和设计观念、新的瑞士平面设计方法论传达给世界各国设计界，从而影响世界各国，促进瑞士平面设计风格成为国际主义风格。其中最重要的人物有艾米尔 · 路德（Emil Ruder）、阿尔明 · 霍夫曼（Armin Hofmann）、约瑟夫 · 穆勒 · 布鲁克曼（Josef Muller-Brockmann）。

路德在巴塞尔设计学院担任版面设计教学，要求学生尽量在功能与形式之间达到平衡，高度的可读性和易读性是关键，是版面设计和字体设计的原则和出发点。1967 年出版的《版面设计：设计手册》，至今仍然有国际性的影响。

艾米尔 · 路德的设计方法论、设计思想和设计教育思想集中在他 1967 年出版的著作《版面设计：设计手册》上，这本著作至今仍然有国际性的影响，在西方国家的平面设计界和设计学院中很受重视

阿尔明 · 霍夫曼与夫人桃乐丝 · 霍夫曼（Dorothe Hofmann）共同开设了一个平面设计事务所，逐渐发展出自己的平面设计哲学原则。他把设计重点放到平面基本元素上，特别是点、线、面的安排和布局，而不再以图形为设计的中心。他在教学与设计中，强调设计功能和形式，设计中各个因素的综合、平衡、协调、和谐。他认为平面设计中不同元素的对比达到平衡，设计也就达到完美的地步。1965 年，霍夫曼出版了自己的著作《平面设计手册》，是一本具有国际影响的著作。

霍夫曼设计的德国艺术家展览海报

霍夫曼设计的耶鲁暑期学校海报

霍夫曼设计的巴塞尔瑞士工业展海报

Staatlicher
Kunstkredit
Basel-Stadt
1985/86

Wettbewerbe, Aufträge, An-
käufe, Künstlerstipendien und
Künstlerateliers in Paris
Arbeiten der Stipendiaten
Führungen jeweils Dienstag
und Freitag von 18.15 bis 20.00 Uhr
Eintritt frei

Ausstellung in der Mustermesse
Rundhofgebäude, Eingang Halle 10
20. Juli bis 18. August 1985
Täglich geöffnet
von 10.30 Uhr bis 18.00 Uhr
Geschlossen Donnerstag, 1. Augus

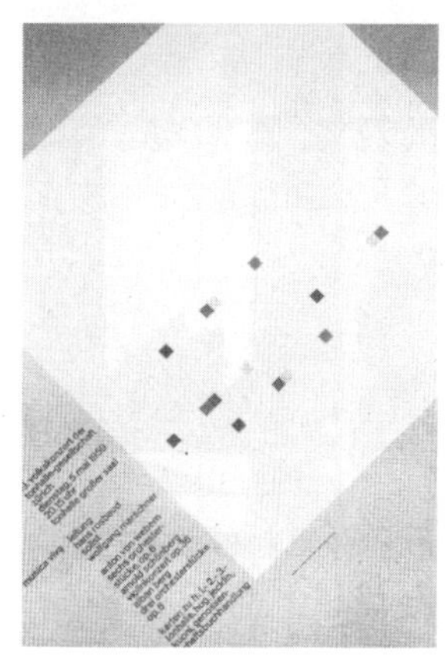

布鲁克曼 1972 年设计的音乐会海报，体现了高度理性化的国际主义风格

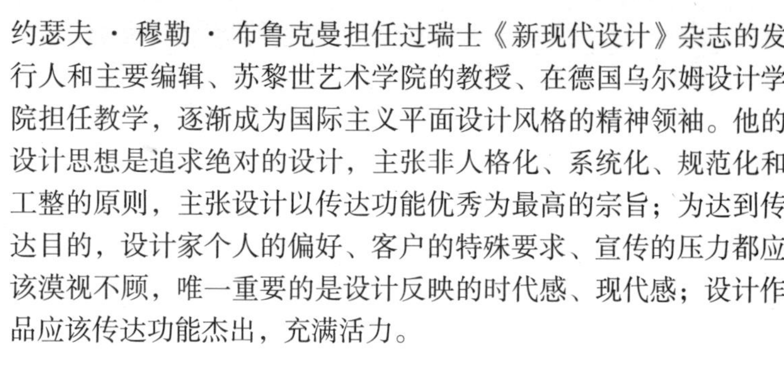

约瑟夫 · 穆勒 · 布鲁克曼担任过瑞士《新现代设计》杂志的发行人和主要编辑、苏黎世艺术学院的教授、在德国乌尔姆设计学院担任教学，逐渐成为国际主义平面设计风格的精神领袖。他的设计思想是追求绝对的设计，主张非人格化、系统化、规范化和工整的原则，主张设计以传达功能优秀为最高的宗旨；为达到传达目的，设计家个人的偏好、客户的特殊要求、宣传的压力都应该漠视不顾，唯一重要的是设计反映的时代感、现代感；设计作品应该传达功能杰出，充满活力。

纽约平面设计派

20 世纪 40 年代，纽约成为美国现代设计的一个最重要的发源地，形成了自己独特的设计风格。“纽约平面设计派”的出现，使美国平面设计真正形成自己系统的、独立的设计风格，同时又能够与在欧洲产生的现代主义、国际主义平面设计风格相辅相成，互相补充,共同形成 20 世纪 50 ～ 60 年代国际设计风格的设计运动。

兰德设计的《达达》书籍封面

纽约平面设计派的最主要奠基人和开创者，毫无异议的应该是美国设计家保罗 · 兰德（Paul Rand）。兰德具有很高的艺术和设计天赋，兰德认为设计虽然遵循功能主义、理性主义的高度秩序性，版面结构应该有条不紊和具有逻辑性，但是，平面设计的效果同时也应该是有趣的、生动的、活泼的、引人注目的、使人喜欢的，所以他很早开始采用照片拼贴等欧洲设计家创造的方法，组成既有理性特点，又有生动的象征性图形的新设计风格来。兰德对于版面设计的各种元素都给予高度重视，特别是色彩、空间、版面比例、字体、图形和其他视觉形象的布局，设计就是要把这些复杂的因素以和谐、能够达到最佳传达目的的方法组合在一起。

受到保罗 · 兰德的把欧洲现代主义平面设计和美国生动的表现结合起来的方法影响，美国迎来了版面设计的革命，各种期刊杂志的版面集中体现了设计家的思想和风格。

兰德设计的 Aspen 国际平面设计展海报

纽约派的主要设计家兰德 1940 年设计的《方向》杂志封面，已经具有他典型的设计特点：采用强烈对比手法的倾向。这个封面设计通过对比象征性的手法表现了当时战争的阴影

观念形象和非西方国家的平面设计发展

所谓“观念形象”设计，是指第二次世界大战后在欧洲和美国形成的平面设计新流派，与强调视觉传达准确的、理性主义的、比较刻板的瑞士国际主义平面设计风格、比较讲究规则性的纽约派相比，这个流派更加强调视觉形象，强调艺术的表现，强调设计和艺术的结合，是与以上两个流派同时发展的一个设计方向。观念形象设计突破了自从包豪斯以来的、在第二次世界大战后瑞士发展到登峰造极水平的国际主义平面设计风格的局限，开创了视觉传达设计的新篇章。

波兰的海报设计

波兰的海报设计在全世界享有盛名，无论是政治海报还是其他内容的海报，都在版面设计上具有独特的风格和突出的艺术水准。波兰海报是同时兼有国家要求和设计家个人观念表现两个方面的最典型设计流派的代表，因此引起世界平面设计界的广泛关注。

波兰海报结合了 20 世纪各种艺术运动的特征，包括立体主义、超现实主义、表现主义和野兽派的风格，具有相当高的艺术水准。

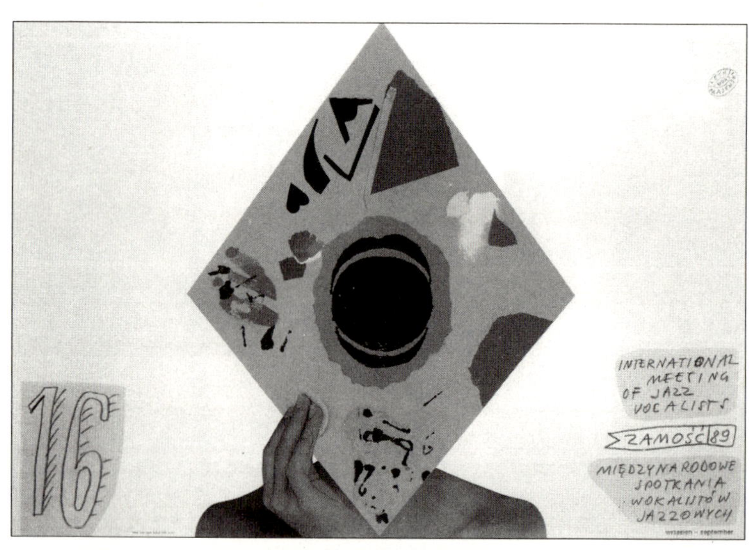

莱克 · 马杰维斯基（Lech Majewski）/ 第十六届国际爵士歌手会海报 / 1989 年

华斯莱维斯基（Mieczyslaw Wasilewski）/ 封面及绘画个展海报

PROBLEMY
TRZY KOBIETY
PROBLEMY
PROBLEMY
NIE DAJ SIĘ ZNIEWOLIĆ
PROBLEMY
KONTAKT'95
PROBLEMY
PROBLEMY
Messalina
PROBLEMY
To be
war
not
to be?
PROBLEMY
Colette
GIGI
I INNE OPOWIADANIA
PROBLEMY
FILM KRYMINALNY
BS 38-15
TRZY KOBIETY
PROBLEMY
WIRUJĄCY SEKS
Kilka pytań na tematy osobiste
TYMCZASOWY RAJ
PĘTL

德国的“视觉诗人”

海报和其他平面设计的范畴，在德国一直具有强烈的艺术表现个人色彩，如同诗歌一样，具有艺术创作动机。从 20 世纪 60 年代至 90 年代，德国海报设计中始终具有独特的这种如诗歌创造一样的个人设计活动，版面设计充满了对设计元素的流畅和自由的运用，但是总体的感觉又是非常清晰和完整。德国这种类型的平面设计家形成一股设计核心力量，被称为“视觉诗人”。

其中最代表的人物是：金特 · 凯泽（Gunther Kieser）、冈特 · 兰堡（Gunter Rambow）、霍尔戈 · 马蒂斯（Holger Matthies）。

金特 · 凯泽 / 集会招贴 / 表现主题：希特勒统治时期人们被迫流亡他乡，四个字母 EXIL 构成一个从黑暗的国度里逃亡出来的人 / 1994 年

金特 · 凯泽 / 由摄影而成的鸽子和文字同构的布鲁斯音乐会招贴 / 1969 年

金特 · 凯泽 / 柏林爵士音乐会招贴 / 1992 年

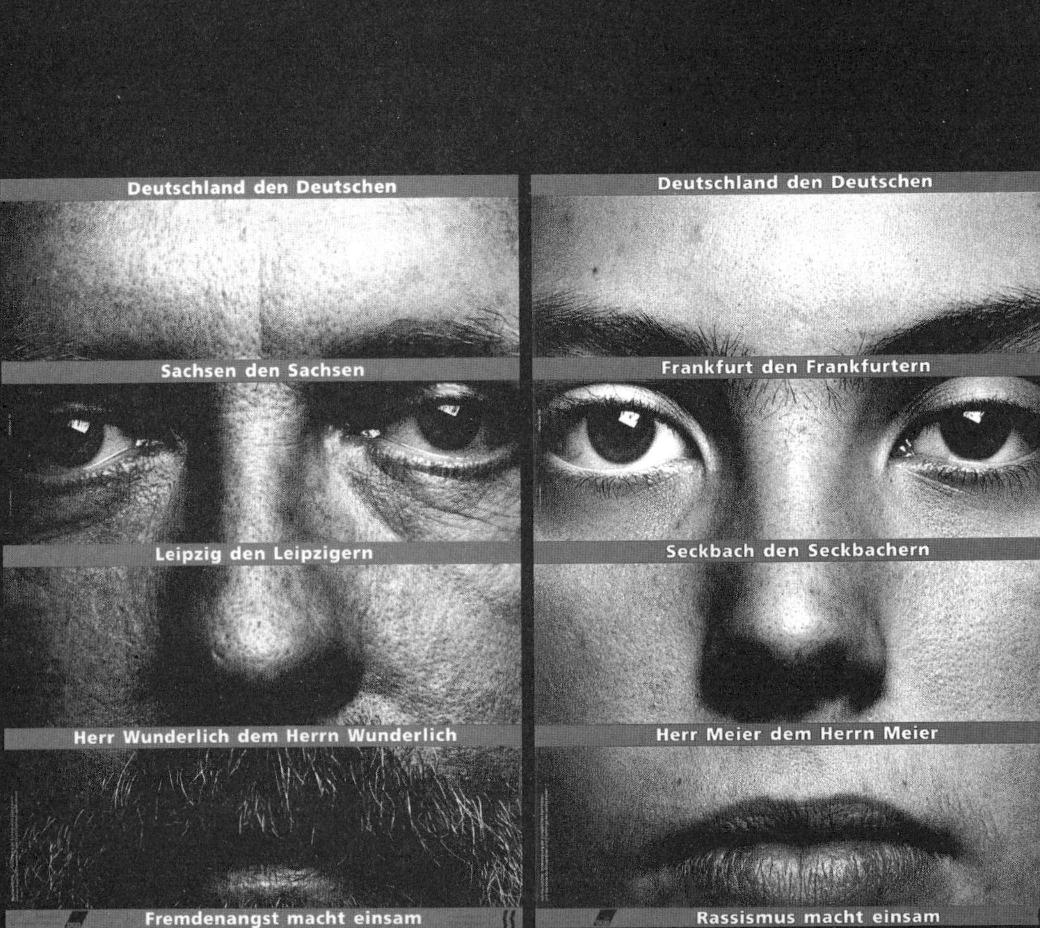

冈特 · 兰堡 /《排外制造孤立》反对排外的政治海报 / 1995

StattTheater
Schauspieler, Theater und Freie Gruppen entwickeln und s… eigene Stücke
…eidelberger Stückemarkt 8.-17. Mai '86
…heater …eidelberg

霍尔戈·马蒂斯 / 为德国汉诺威国家剧院设计的系列海报 / 1991 年

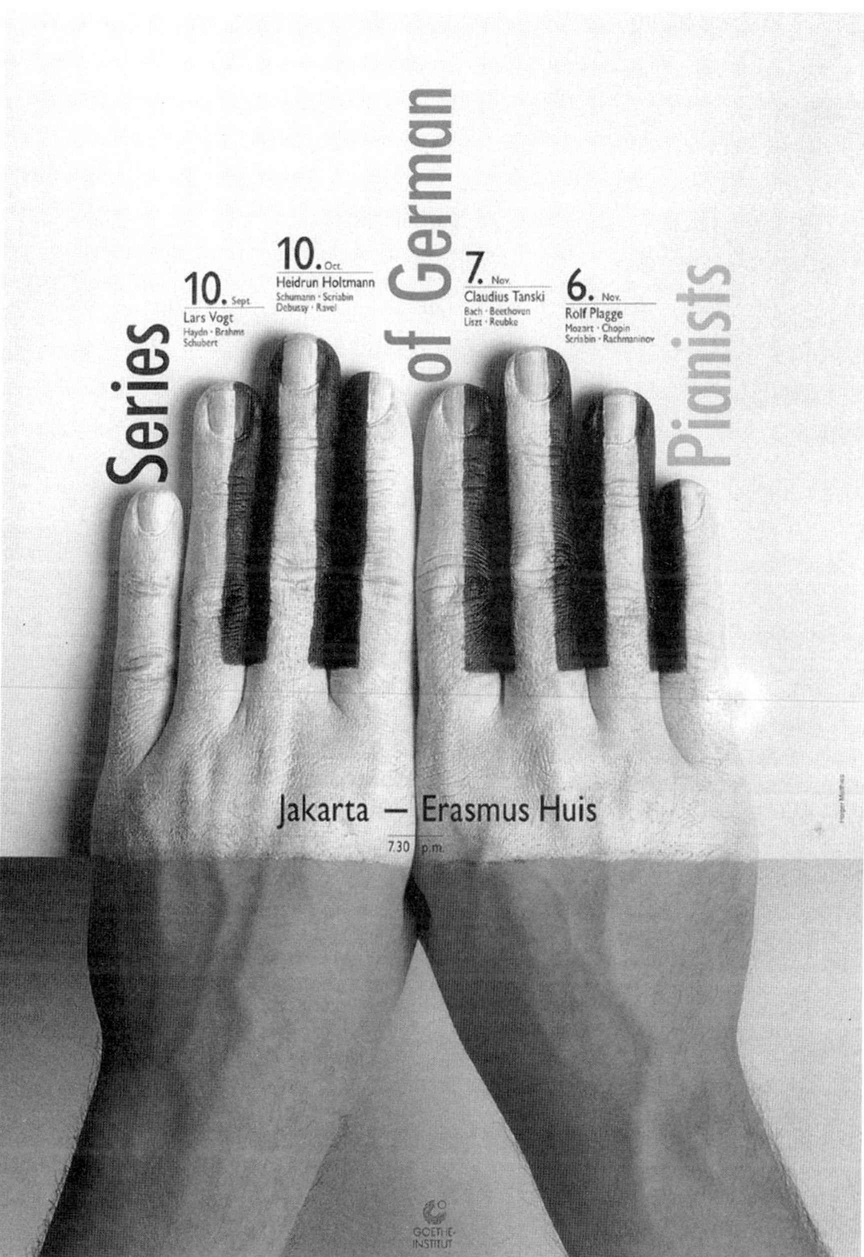
Series of German Pianists
10. Sept.
Lars Vogt
Haydn · Brahms
Schubert
10. Oct.
Heidrun Holtmann
Schumann · Scriabin
Debussy · Ravel
7. Nov.
Claudius Tanski
Bach · Beethoven
Liszt · Reubke
6. Nov.
Rolf Plagge
Mozart · Chopin
Scriabin · Rachmaninov
Jakarta — Erasmus Huis
7.30 p.m.
GOETHE-INSTITUT

战后的日本平面设计发展

日本是战后发展起来的经济大国。这个地域狭窄而人口众多的国家，历史上就具有非常强烈的平面设计意识。日本的书籍插图、木刻印刷海报（浮士绘）、各种传统包装等，都具有世界的影响力。

龟仓雄策 / 东京奥运会 / 1964 年

日本是一个具有悠久历史的东方国家，其设计与西方设计无论从传统角度还是民族的审美立场来说，都有很大区别。日本为了赢得国际市场，也不得不大力发展其国际主义的、非日本化的设计。因此日本形成了针对海外和针对国内的两大范畴：凡是针对国外市场的设计，往往采用国际认同的形象和国际平面设计方式，以争取广泛的了解；而针对国内的平面设计，则依据传统的方式，包括传统图案、传统布局，特别是采用汉字作为设计的构思依据。

日本传统文化中对于纵横线条和简单的几何图形的喜爱，使日本平面设计家努力从构成主义中寻找设计的参考依据。但是日本设计更加喜欢对称化的布局，而不是构成主义的非对称化方式，日本的设计还包括一些简单的象征性图案，比如花草、动物、植物纹等，这些内容都被加入到了日本式的版面设计中。

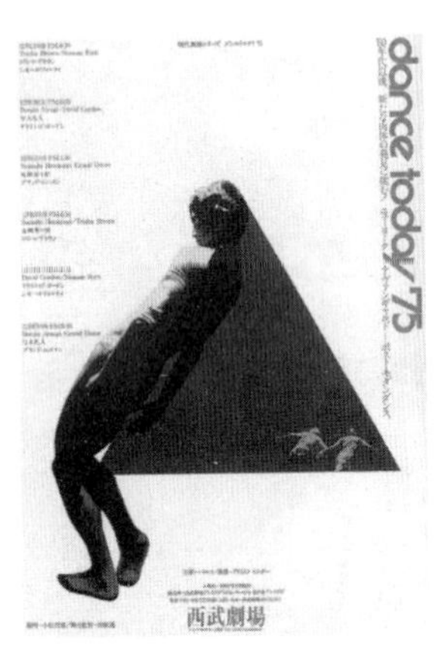

田中一光 / 现代舞蹈 / 1975 年

日本的现代设计是很有组织性的，其中包括个人的、设计界的组织活动和日本政府支持的组织活动两个方面。日本现代设计奠基人龟仓雄策，在这个组织活动中起到很重要的促进作用，他个人的设计就是现代化和民族化结合的典范。1964 年，日本东京奥运会，龟仓雄策负责设计总体的平面项目，他在整个设计中牢牢贯通日本国旗里的红色圆形——即所谓太阳的符号，把这个圆形和国际奥林匹克的五环联系在一起，取得既有民族特征，又具有准确的国际认同的效果，是国际奥林匹克运动会系统设计中的杰出作品。通过这个设计，龟仓雄策也成为日本公认的设计大师，他的设计思想也在日本扎下了牢固的基础。

日本平面设计另外一个重要的设计家是永井一正，他在简单的线条中找到合理的因素，加上摄影、插图，组成有声有色的新平面设计作品，其实这种方式源于日本民间的、传统的装饰和设计内涵，因此，既是民族的，又是国际的。

福田繁雄 / 福田繁雄海报展 /1995 年

永井一正强调的是线，而另外一个日本平面设计家田中一光强调的是面和平面的空间，并且以面和空间作为自己设计的核心。田中一光把国际主义风格作为自己设计的基础，加以多元发展，除此之外，他还经常采用日本传统的风景、传统戏剧场面或者面谱、书法、浮士绘作为装饰内容，把这些高度民族性的装饰主题安排在方格网络中，统一而具有韵味，是国际的同时也是民族的。

永井一正 / 信息自动化展览海报 /1986 年

还有一个日本现代平面设计奠基人是福田繁雄，他的设计作品没有明显的日本民族传统设计特征，完全是基于国际化的视觉传达需求而设计，甚至他的幽默性，也是国际化的，因此他成为日本和外国都很喜欢的一个现代设计家。

日本现代平面设计，经过 40 年的发展，已经成为非常成熟的设计体系，影响了许多远东的亚洲国家和地区，比如中国的大陆、香港、台湾和韩国、新加坡等，通过这些国家和地区的设计家的共同努力，形成了远东平面设计的新局面。

永井一正 / 东京国民文化节海报 /1986 年

后现代主义平面设计

“后现代主义”这个词的含义非常复杂，后现代主义首先是从建筑设计开始的,然后逐步波及各个领域。设计上的“后现代主义”，其实是对现代主义、国际主义的一种装饰性的发展，其中心是反对“少即是多”的减少主义风格，主张用装饰手法达到视觉上的丰富，提倡满足心理要求，而不仅仅是单调的以功能主义为中心，开创了新装饰主义的新阶段。

后现代主义对于国际主义风格来说是一个重大的冲击，虽然有些设计家对“后现代主义”这个术语不敢苟同，也不以为然，认为它代表的不过是现代主义的一个延续和发展而已，但是，后现代主义的装饰手法，却正是现代主义反对的内容，因此，很难说后现代主义是现代主义的简单延伸和发展。

黄炳培 / “香港东西”海报设计

2005年1月1日発行・第53巻・第1号・通巻308号
奇数月1日発行 ISSN 0019-1299

308 2005.01

international
graphic art and
typography

世界のデザイン誌
誠文堂新光社

idea アイデア

5: VIKTOR & ROLF BY ALAN

Mevis & Van Deursen

Recycled Works 1990-2005

lost & found 6
donderdag 4 juni

特集
メーフィス＆ファン・ドゥールセン
有山達也——もうひとつのふつう

特別付録
大竹伸朗 "ジャリおじさん"ポスター

《idea》杂志封面 / 2005 年

文字的魅力

字体

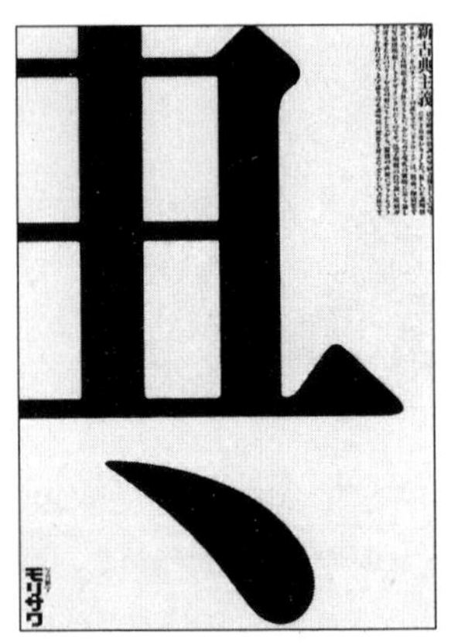

田中一光 / 新古典主义 / 中国的活字“老明朝体”被引进到日本，照相植字中产生了新书体“刘明书体”，这种新书体被命名为新古典主义，对融直线与曲线为一体的抽象造型的摸索结果，产生了这张作品 /1986 年

版面设计中最基本的元素就是文字，字体是指文字的风格款式，也可以理解为文字的一种图形样式。我们在这里谈到的字体是指为了印刷媒体的需要，而设计出来适合制版印刷的字体，虽然整个世纪以来，其中的若干细节有了一些变化，可字体的基本架构却没有太大的变动，自 19 世纪 80 年代以来，电脑的字库提供了各种版本、各种类型的字体供设计师使用。正因为字体类型繁多，更使得版面设计成了一种很具挑战性的设计工作，当今设计师必须不断感受与体会，来安排好这些数量有限、潜力无限的基本元素。

汉字字体

尽管汉字繁多，体式不同，笔画数差异大，但是其基本笔画是一样的，成套字体的部首也是基本相同的。

宋体

宋体字发端于雕版印刷的黄金时代——宋朝，定型于明朝，所以日本人称其为“明朝体”。宋体的基本笔画出自楷体的“永字八法”，

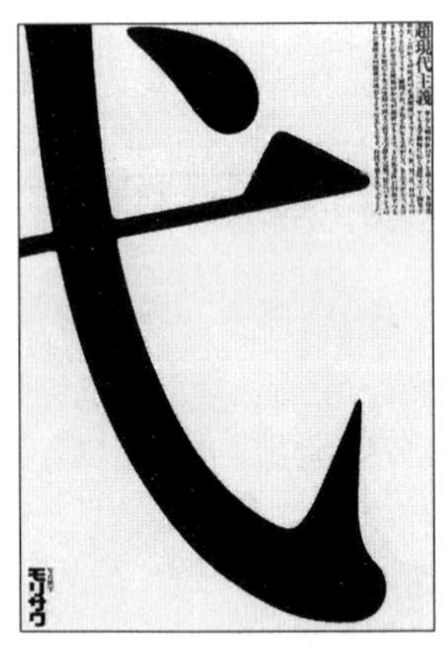

田中一光 / 超现实主义 / 1986 年

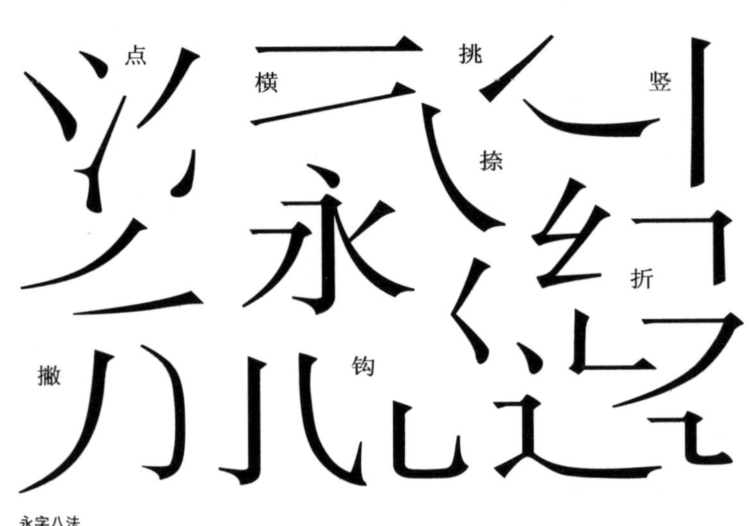

永字八法

为书之体，须入其形，若坐若行，若飞若动，若往若来，若卧若起，若愁若喜，若虫食木叶，若利剑长戈，若强弓硬矢，若水火，若云雾，若日月，纵横有可象者，得谓之书矣。

方正小标宋简体

为书之体，须入其形，若坐若行，若飞若动，若往若来，若卧若起，若愁若喜，若虫食木叶，若利剑长戈，若强弓硬矢，若水火，若云雾，若日月，纵横有可象者，得谓之书矣。

方正书宋简体

为书之体，须入其形，若坐若行，若飞若动，若往若来，若卧若起，若愁若喜，若虫食木叶，若利剑长戈，若强弓硬矢，若水火，若云雾，若日月，纵横有可象者，得谓之书矣。

方正仿宋简体

其中包括点、横、竖、撇、捺、钩、挑、折等笔画。字体特点概括为：横平竖直、横细竖粗、撇如刀、点如瓜子、捺如扫，结构饱满，整齐美观，起笔、收笔及转折处有装饰角。

由于宋体字既适于印刷刻版，又适合人们在阅读时的视觉要求，一直沿用至今，是出版印刷使用最广泛的字体。根据字面的黑度可分为特粗宋、大标宋、小标宋、书宋、报宋等，在宋体字的基础上衍生出仿宋、长宋、宋黑等多种变体。大标宋、小标宋多用于版面的标题，书宋、报宋适合排印长篇正文。仿宋体字形娟秀，笔画细劲，多用于排印古籍正文及各类书刊中的引言、注解、图版说明等。

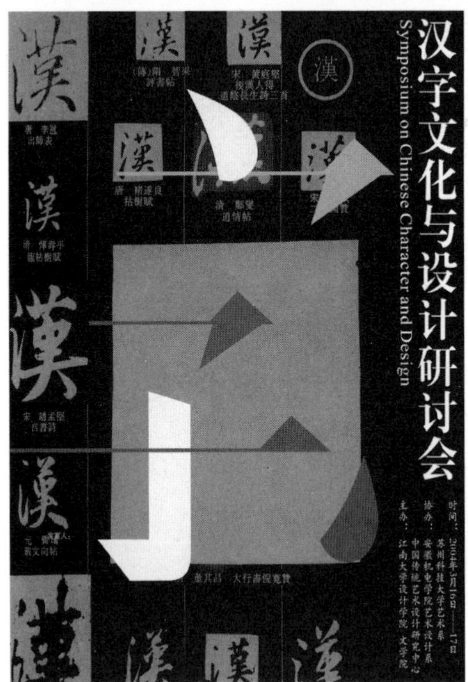

王俊 / 汉字文化与设计研讨会 / 这张创意来自于中国古代书法的“永字八法”，利用汉字最基本的构成元素点、横、折等构成画面 / 2004 年

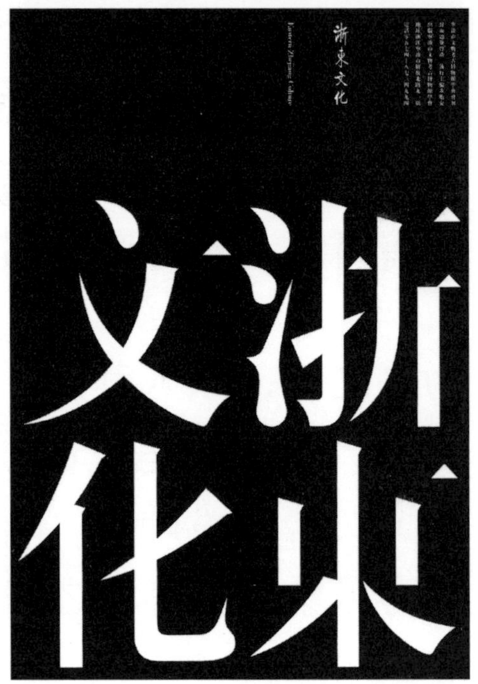

蒋华、邬路远 / 浙东文化杂志推广海报 / 将老宋体中的细横线省略，简化宋体的装饰角，形成硬朗的字体风格

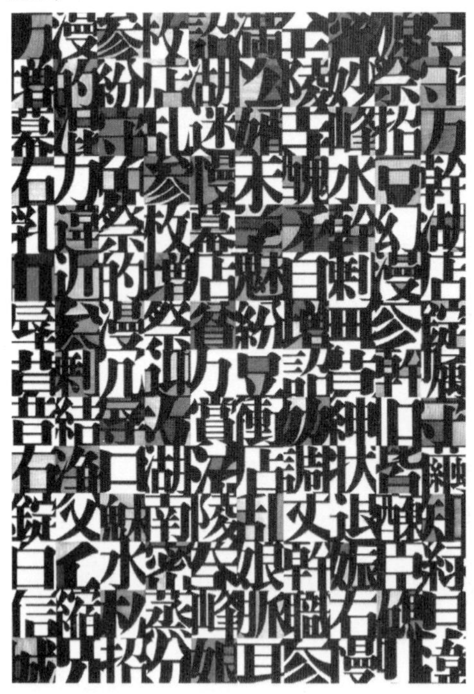

白金男 / 字体系列海报 / 1984 年

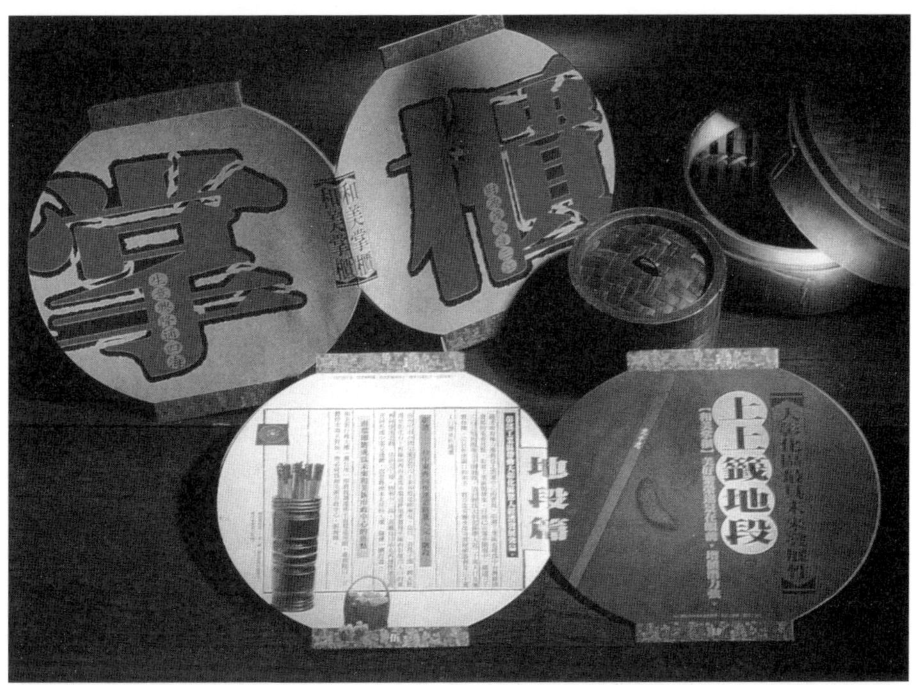

王富利 / 和美掌柜简介 / 对于表现中华传统文化内容的型录设计，多采用“宋体”系列的字体，宋体的笔画特征和字体结构很好地沿袭了传统雕版印刷字体的特点，隽永耐看，易读性也非常好 / 1998 年

陈志 / 仪孚公司企业简介 / 这是一本服装公司的简介，作者用了许多历史文物的图案来表现服装公司的企业文化，型录的包装也借鉴了传统精装书籍的装订方式，因此，在正文的字体应用中，就理所当然应用了“宋体”系列的字体 / 2000 年

黑体

黑体字是受西方无饰线字体的影响，于 20 世纪初在日本诞生的印刷字体。其字形略同于宋体，但笔画粗细均匀，而且没有宋体的装饰性笔型，因此显得庄重醒目并富有现代感。

我国印刷行业曾长期从日本购入宋体和黑体字模，日本则引进了中国的仿宋体和楷体字模，这种交流使两国印刷字体至今仍保持相近的风貌。

黑体字系列有：特粗黑、大黑、中黑、中等线、细等线等，在其基础上衍生出美黑、宋黑等。

特粗黑、大黑、中黑适用于标题、导语及多种展示目的，中等线、细等线可排印正文及图版说明等。

为书之体，须入其形，若坐若行，若飞若动，若往若来，若卧若起，若愁若喜，若虫食木叶，若利剑长戈，若强弓硬矢，若水火，若云雾，若日月，纵横有可象者，得谓之书矣。

方正黑体简体

为书之体，须入其形，若坐若行，若飞若动，若往若来，若卧若起，若愁若喜，若虫食木叶，若利剑长戈，若强弓硬矢，若水火，若云雾，若日月，纵横有可象者，得谓之书矣。

方正中等线简体

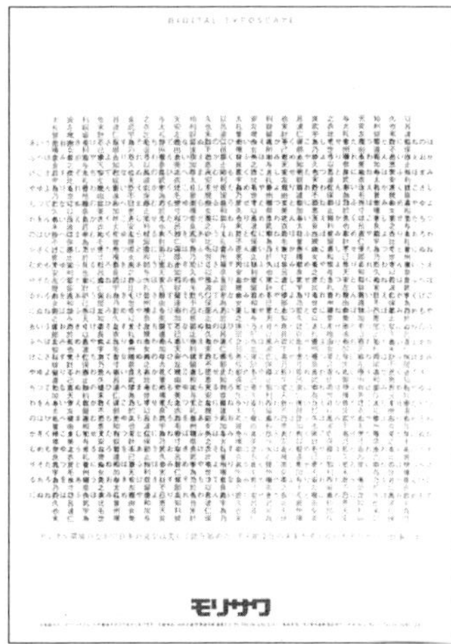

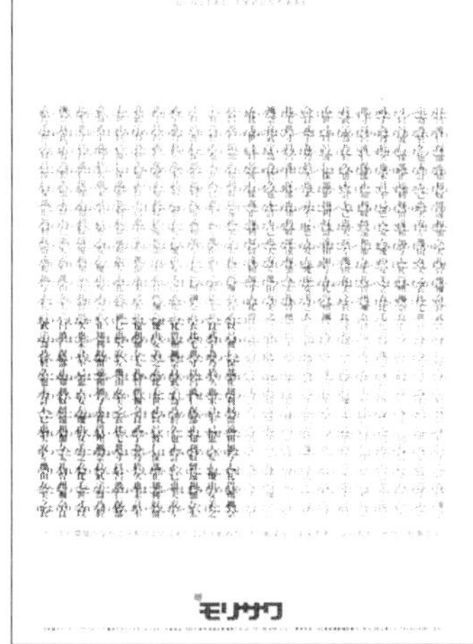

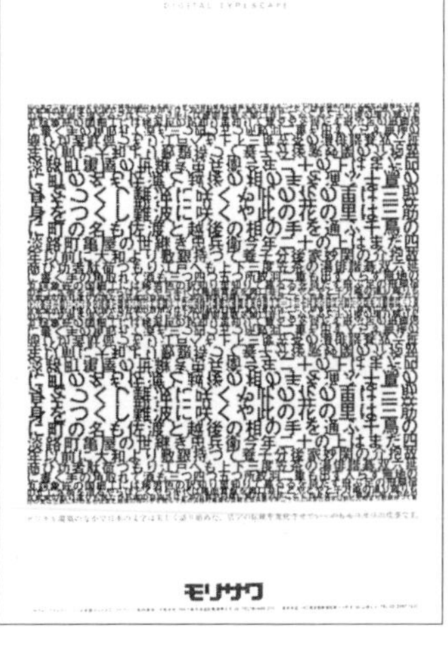

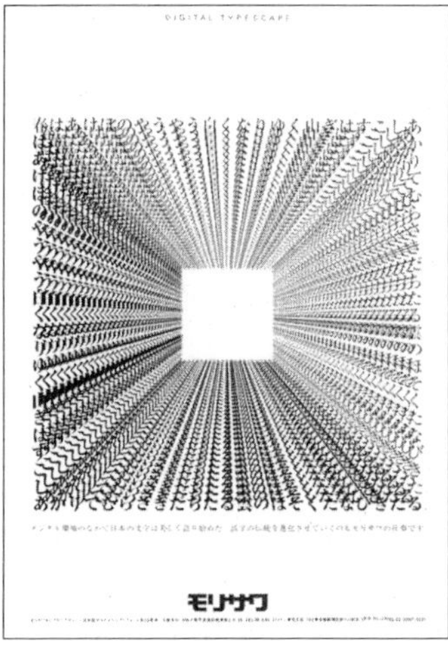

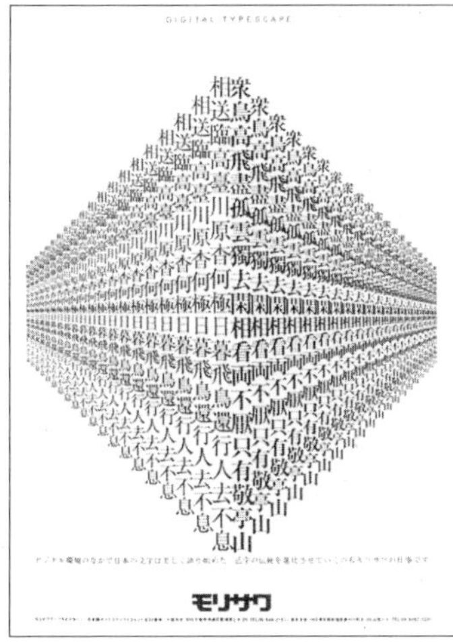

杉崎真之助 / 字体广告 / 中日两国在汉字设计上互相影响，汉字设计也成为永恒的主题 / 1995 年

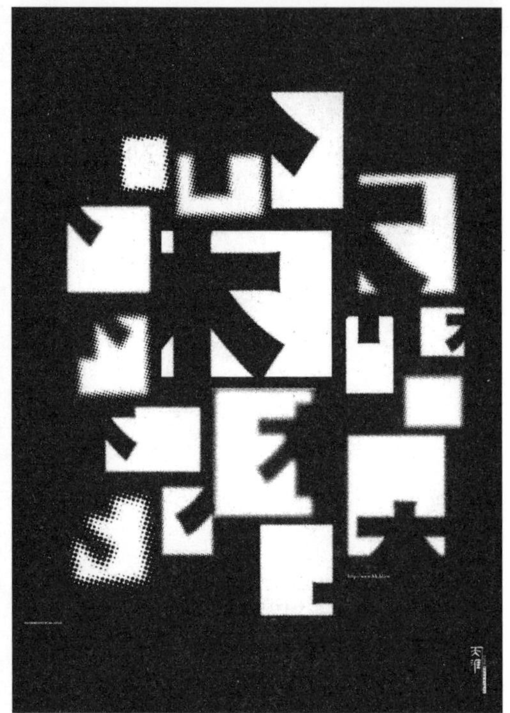

韩家英 / 《天涯》杂志封面设计 / 对金、木、水、火的字体进行打散重构，构成手法符合其内在含义

楷体

印刷术发明初期，雕刻书版大多模仿楷书名家的字迹，并无印刷体和手写体的明确区分，明代中叶宋体广为普及后，刻书仍兼用楷体。我国近代引进西方印刷技术，刻制了多种楷体活字，计算机字库中的楷体即由此演变而来。

为书之体，须入其形，若坐若行，若飞若动，若往若来，若卧若起，若愁若喜，若虫食木叶，若利剑长戈，若强弓硬矢，若水火，若云雾，若日月，纵横有可象者，得谓之书矣。

方正楷体简体

在宋体和黑体的基础上加工变化产生了多种印刷字体，现今流行的主要有：圆体、姚体、倩体、综艺体、琥珀体、彩云体等。这类字体字形结构更趋几何化，并且有鲜明的风格特征。

从历代书法作品中，字体设计者开发出许多具有手写风格的字体，源于传统书法和印文的字体主要有：隶书、魏碑、行楷，行书、舒同体、瘦金体等，现代风格的自由手写体主要有：广告体、POP 体、胖娃体等。

熟知并记住每一款印刷字体的风格，在版面编排的时候，能灵活而准确地选择合适的字体，更好地传达信息，表现主题。宋体、黑体两大系列的字体适用范围很广泛，在版面设计使用时要反复体会与斟酌，即使在版面作品中只用其中一种字体系列，通过字号的大小、笔画粗细的变化，都足以创造出丰富的效果。书法系列的字体古朴庄重，通常用于传统文化内容的设计中，而不太适合用于表现现代主题的版面中，因有些字体笔画粗而难于分辨，不宜作为正文阅读性的文字。新派生出来的变体字，种类繁多，个性突出，要有所选择。一些变体字体活泼生动，装饰性强，使用得当能凸显个性；但有些变体字体本身字库存在很多缺陷，结构失调、笔画不统一，因此要慎重选择使用。

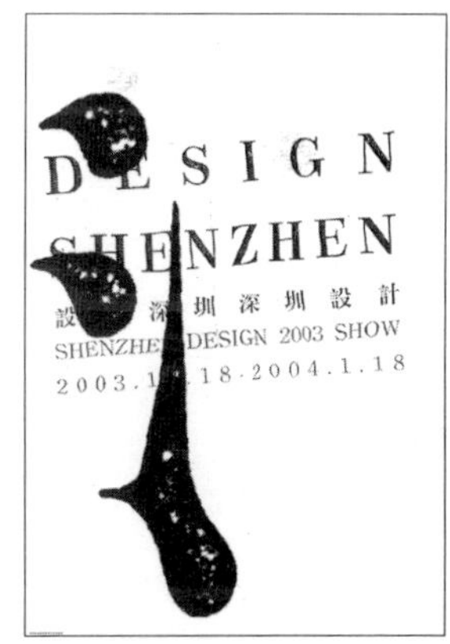

韩湛宁 / 设计深圳

韩家英 / 融和 / 宁波国际海报交流展

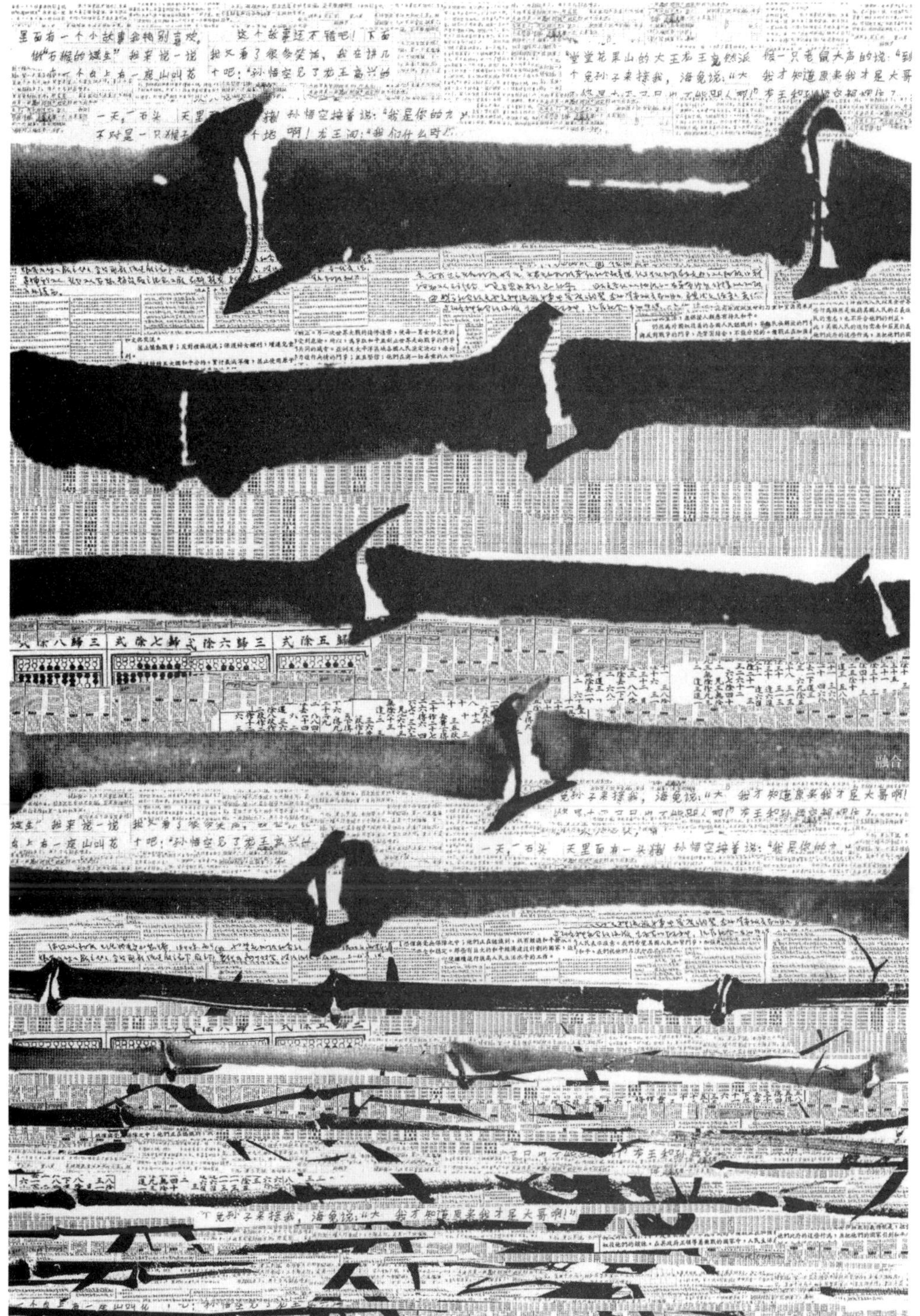

韩家英 / 融和 / 宁波国际海报交流展

欧宁 /《北京新声》封面、内页 /
宋体字适合表现传统文化内容，作者将大宋体用在正文，并且以很大的字号，充分强调“北京”的新感觉

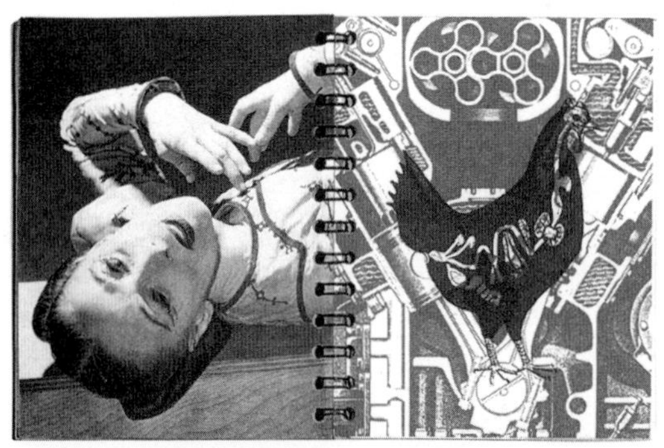

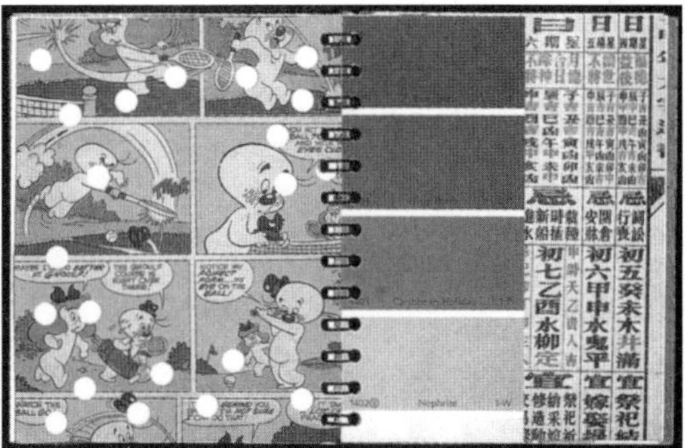

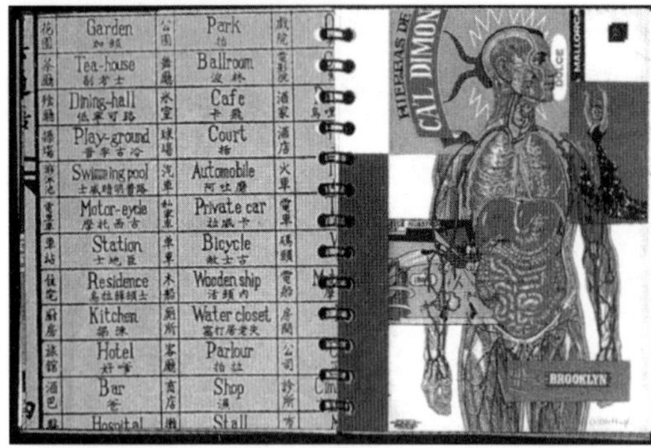

Slatoff+Cohen Handmade Book/
这是一本设计工作室的介绍样本，重在表现插图和字体设计，大量使用宋体字、楷体字，以表现东方文化的气质

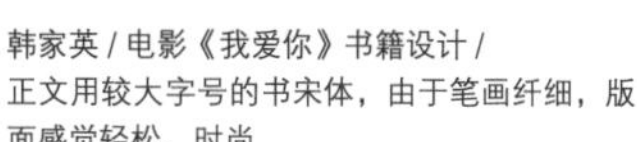

韩家英 / 电影《我爱你》书籍设计 /
正文用较大字号的书宋体，由于笔画纤细，版面感觉轻松、时尚

韩家英 / 电影《绿茶》书籍设计 /
设计中采用大量细等线体的切割分布，在版面中与图像之间形成很好的空间感

陈幼坚 / 东情西韵海报

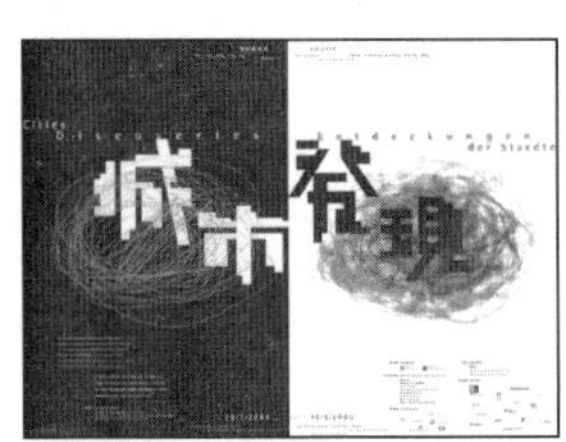

靳埭强 / 城市发现主题海报 / 2000 年

汉字字体设计

中国有 5000 年汉字文化，汉字无疑是人类社会有史以来最伟大、最成功的设计。字体设计中所包含的精髓，也许值得每一位设计师学习、继承与探索。电脑里的汉字字库日新月异，但在特定的版面设计中，我们仍需设计独特的字体。中文字体设计意在将古老的汉字文化与现代设计理念、手法相结合，以促进中文字体的创新，丰富中文字体的种类，提高中文书刊、报纸、网站、电视台等各种媒体的用字质量，借此推动版面设计的发展。

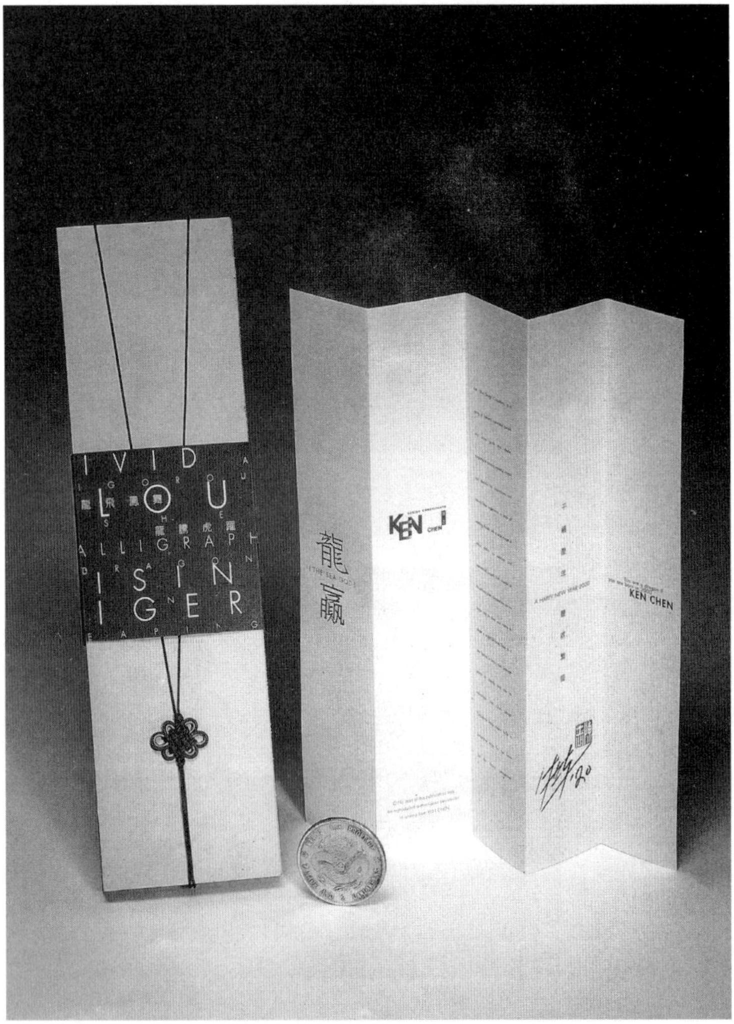

陈志 / 设计工作室新年推广贺卡设计 /
作者非常精心地运用字体和编排版式，每一种字体，每一段文字都经过仔细推敲，“龙赢”二字是将书法字的笔画与印刷体结合设计而成

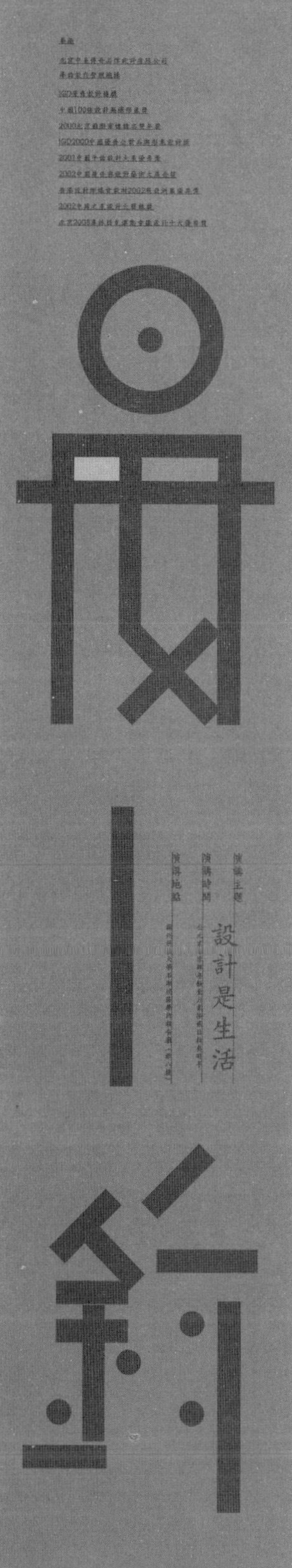

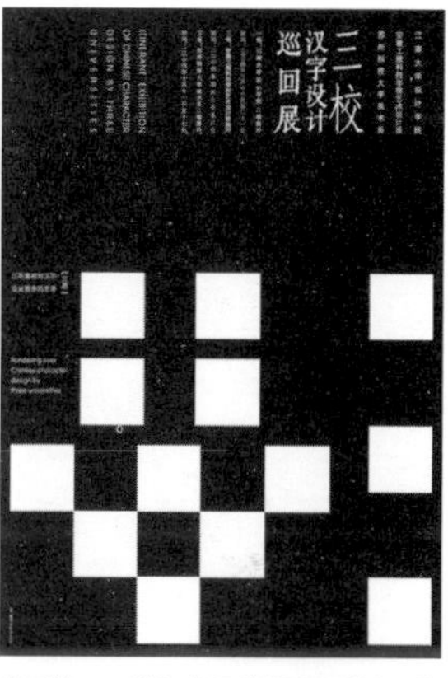

莫军华 / 三校汉字设计巡回展海报 / 作者将“三思”二字抽象成最简单的方块组合，形成很好的构成图形，引人深思 / 2004 年

莫军华 / 设计是生活演讲海报 / 作者借鉴了现代英文无饰线体的笔画特征，将中文字的笔画概括成点、直线、圆，生动活泼 / 2004 年

拉丁字母

拉丁字母是世界上使用地域最广泛的文字。欧洲大部分地区和南北美洲、大洋洲，以及非洲、亚洲的部分地区，总共约有60多个国家和地区以拉丁字母作为记录其语言的符号。随着国际交往的日益频繁，英语实际上已成为国际通行的语言，因此许多非英语国家也在特定场合使用英文，进一步扩大了拉丁字母的应用范围。

与“方块形”的汉字不同，拉丁字母包含矩形、圆形、三角形三种基本形及其组合变化，因此不可能被纳入同样大小的方格之中；除此之外，拉丁字母自古横行排列，故字高相对统一，而字面的宽度则因字而异。这种尺度的差异可称为“字幅差”。

拉丁字母经过漫长的历史演变，形成了多种多样的字体，不同的字体体系、字形结构及其字幅差的比例往往相差甚远。拉丁字母体系可分为罗马体体系、哥特体体系、埃及体体系、无饰线体体系、手写体体系、装饰体体系、图形体体系，每种体系里各自又有一些字体。事实上,每年都有数不尽的“新款”字体被开发制造，可是只有极少数经得起时间的考验。大多数字体在流行过一阵子

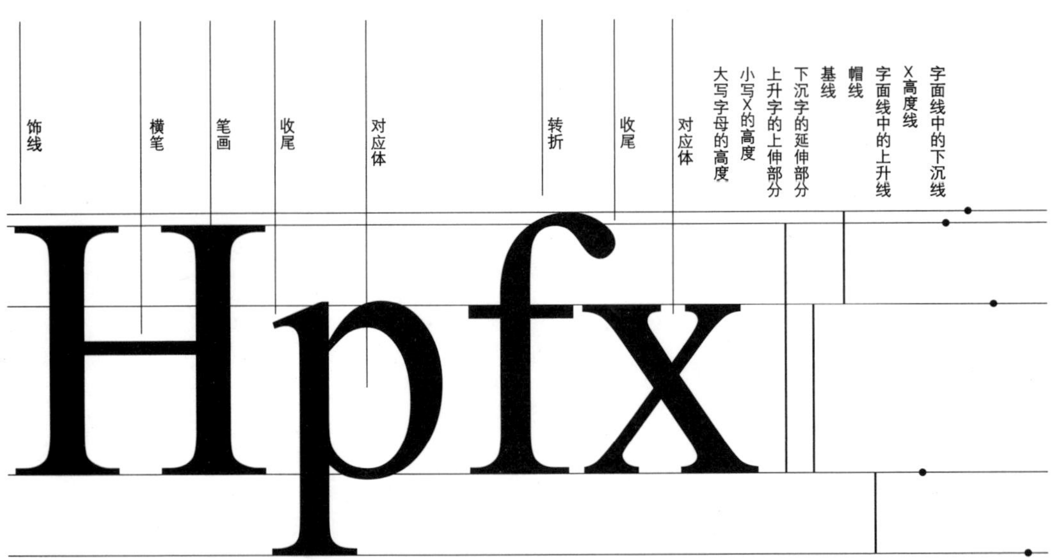

虽然电脑结合了设计和字体编排的功能，可是术语还是很重要的，因为当你在比较评估个别字体时，或者在指定、衡量、版面编辑时，都不免要用到术语来沟通

之后，免不了被淘汰的命运。

很多追求原创性的设计师，通常很执著于字体的选择上，精益求精地反复试验。而有些设计者却用一些花哨的字体掩盖其创意的苍白，文字成为一种装饰物。事实上，一般大众在意的还是文字的内容，而不是那些字体款式，如果版面设计的目的是为了要传达准确的信息，那么最好还是用简单、传统的字体来表现。

1 1 1

饰线的不同变化
对等饰线
细饰线
粗饰线

曲线轴的不同变化
垂直
倾斜

ABCDEFGHIJKLMN
abcdefghijklmnopqrs

现代罗马体（Times New Roman）

ABCDEFGHIJKLMN
abcdefghijklmnopqrs

无衬线体（Helvetica）

ABCDEFGHIJKLMN
abcdefghijklmnopqrs

哥特体（GothicE）

ABCDEFGHIJKLMN
abcdefghijklmnopqrs

现代像素体（BitDust Two）

“新景色”/为在IFA（国际海外关系）的波恩画廊举办的录像艺术合展设计的展览海报/2002年

家具公司型录

Christoph Sauter / 利用摄影的手段，用大大小小的水泡为方正有力的字体增添戏剧性的视觉效果

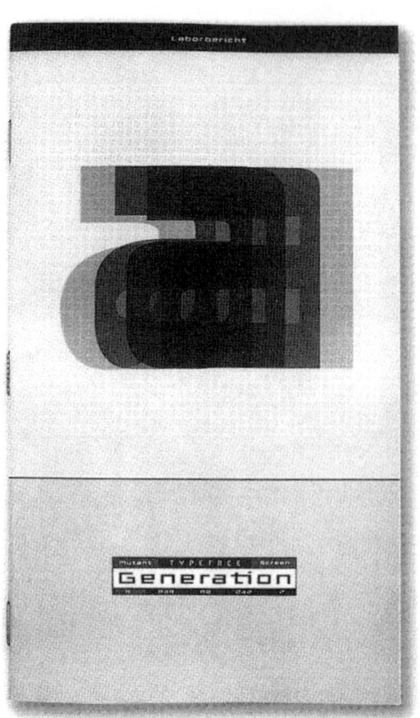

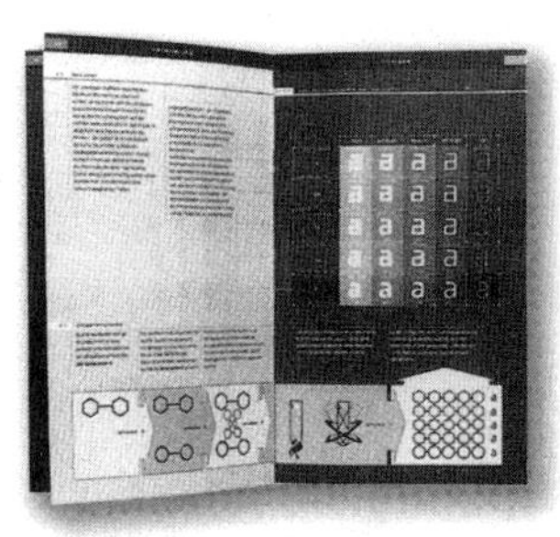

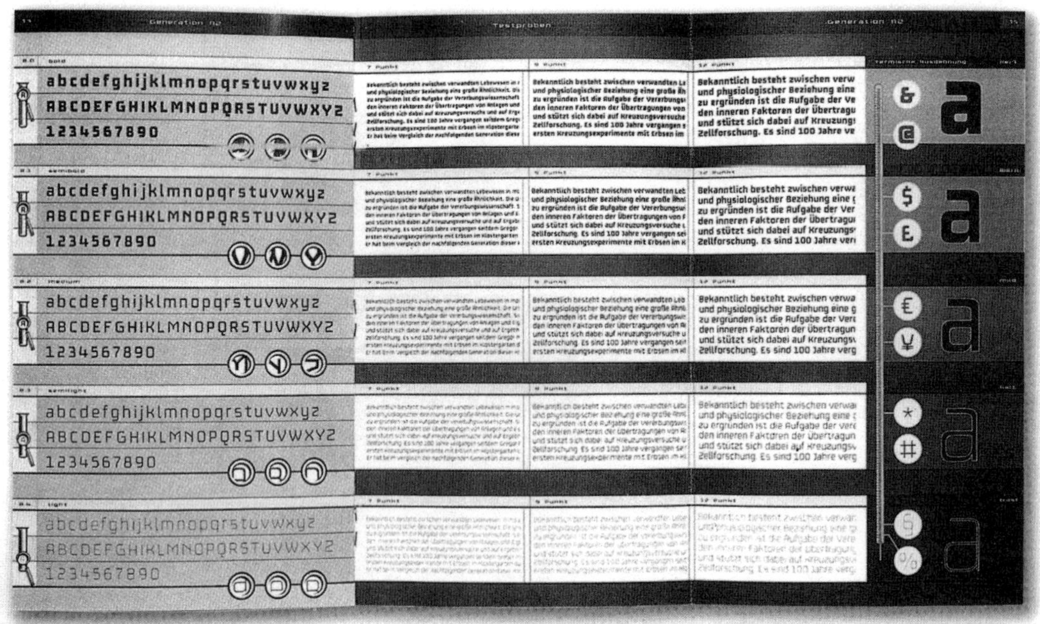

字体手册 / 这是一本专门介绍字体的型录，里面介绍了大量不同字体的结构特点和应用规范

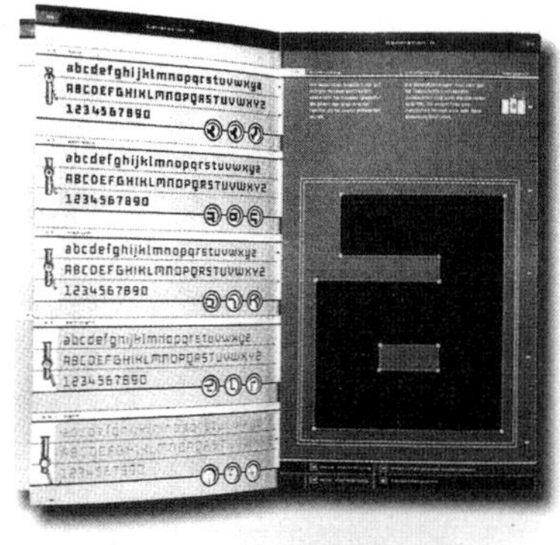
abcdefghijklmnopqrstuvwxyz
ABCDEFGHIKLMNOPQRSTUVWXYZ
1234567890

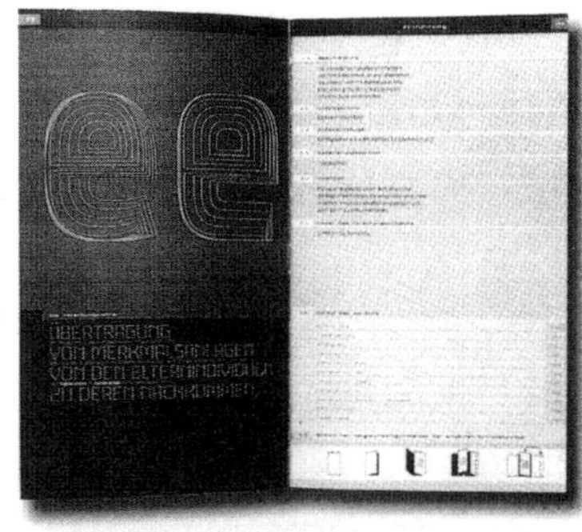
ÜBERTRAGUNG
VON MERKMALSANLAGEN
VON DEN ELTERNINDIVIDUEN
ZU DEREN NACHKOMMEN

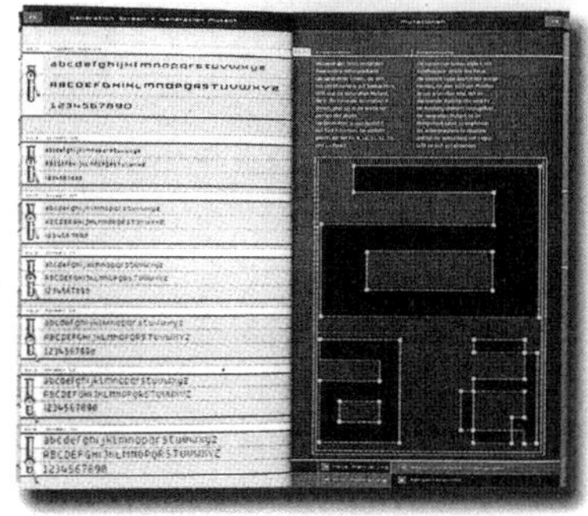

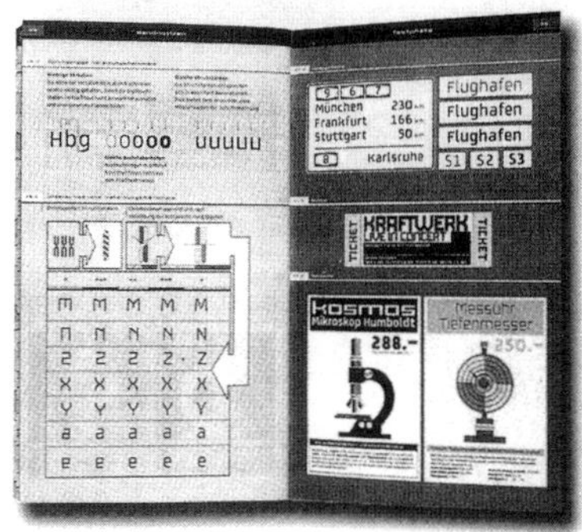
Hbg
Flughafen
Flughafen
Flughafen
München 230
Frankfurt 166
Stuttgart 50
Karlsruhe
S1 S2 S3
KRAFTWERK
TICKET
TICKET
KOSMOS
Mikroskop Humboldt
288.-
Messuhr
Tiefenmesser
250.-

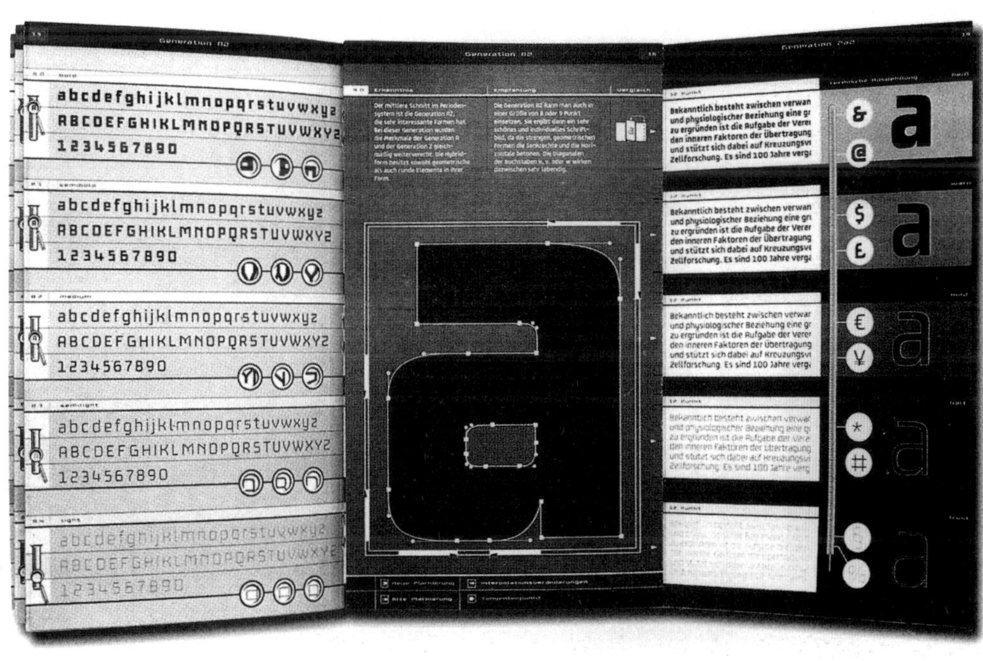
Generation A2
bold
abcdefghijklmnopqrstuvwxyz
ABCDEFGHIKLMNOPQRSTUVWXYZ
1234567890
semibold
medium
semilight
light
Generation A2
Erkenntnis
Empfehlung
Vergleich
Der mittlere Schnitt im Perioden-system ist die Generation A2, die sehr interessante Formen hat. Bei dieser Generation wurden die Merkmale der Generation A und der Generation Z gleichmäßig weitervererbt. Die Hybridform besitzt sowohl geometrische als auch runde Elemente in ihrer Form.
Die Generation A2 kann man auch in einer Größe von 8 oder 9 Punkt einsetzen. Sie ergibt dann ein sehr schönes und individuelles Schriftbild, da die strengen, geometrischen Formen die Senkrechte und die Horizontale betonen. Die Diagonalen der Buchstaben k, v, oder w wirken dazwischen sehr lebendig.
Generation 2A2
Bekanntlich besteht zwischen verwan
und physiologischer Beziehung eine gr
zu ergründen ist die Aufgabe der Vere
den inneren Faktoren der Übertragung
und stützt sich dabei auf Kreuzungsv
Zellforschung. Es sind 100 Jahre verg

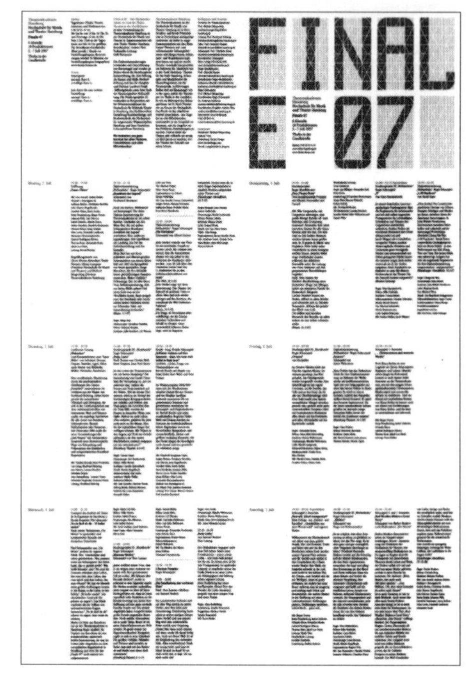

Kathleen Schwibus/ 崭新的字体设计形成版面中最重要的视觉兴趣点。在此作品中，字体的设计跟版面的结构形成了很好的秩序感

Maria Bohm/ 众多个性鲜明的字体集合在一起，但在版式结构上保持一定的秩序

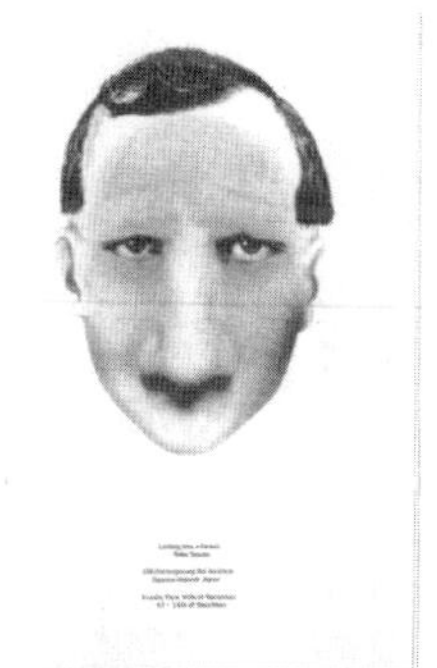

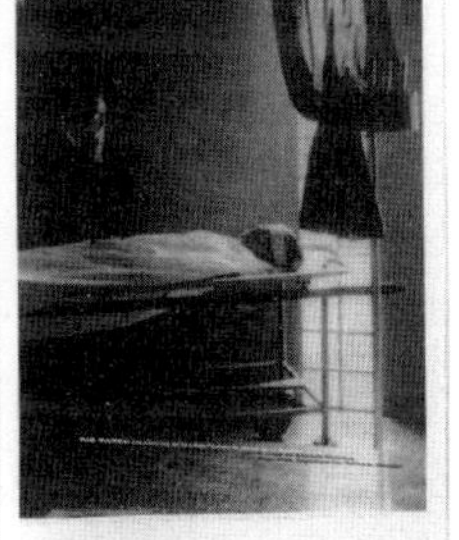

黑格曼 / “显示你自己” / 为黑格曼工作室的形象推广设计的大开本图册 / 在这个画册中使用了大量独具个性的字体

Hugo Werner Freitas/ 字体和图形共同传达版面的数字感

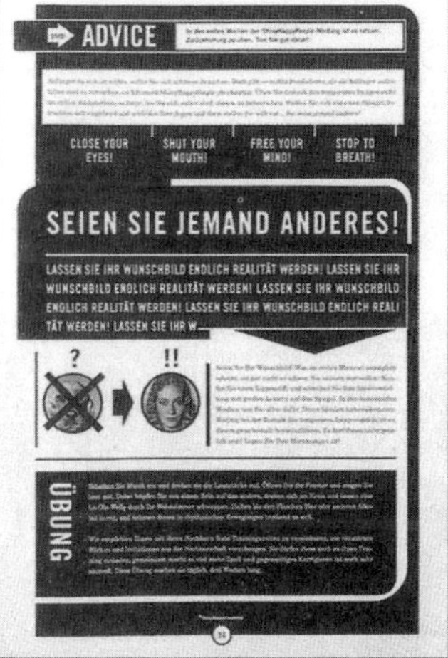

Shiny Happy People / 整个作品都由一个专色印制而成，通过块面分隔和文字大小的变化来构成丰富的版面效果，文字在型录中是很重要的元素，虽然富有变化，但字体都采用同一种无饰线体

字符规格

田中一光 / OSCAR NIEMEYEA 展 / 1987 年

人们的正常阅读距离为 30 ～ 35cm。普通开本的小型印刷品，正文所用字符的规格应该限制在一定范围内，过小或过大都不便于阅读。尽管计算机软件提供了设定字符规格的细微级差，并且具有无级缩放的功能，但传统铅字排版标准的 Point（磅）仍然是确定字符规格的基本依据。其中，9 ～ 12 磅适合于书籍正文，9 磅是报刊常用的字符规格。书刊中的图版说明和名片、信笺上的地址、电话号码等内容可用小于正文文字的字符排版，但不足 6 磅则难以阅读。

大型印刷品，如招贴海报、教学挂图中的短文和说明等，也应该根据其版面尺寸和阅读距离确定字符的规格。而少儿读物、老年人书刊，其内文的字符相对要大一些，一般来说，老年人很难看清小于 10 磅的字体。

标题文字通常大于正文文字，如书刊中的标题大多在 14 磅以上。这一点并非绝对的规定，应视具体情况灵活掌握。

因为电脑显示器很难与最后印刷出来的页面一样大小，所以字体的大小难以在显示器上作出正确判断。同样，直角平面、投影显示与印刷纸张是完全不同的媒体，很难在比例上相互对应。所以，设计师应该在身边配备一张字体字符的样张，来参考显示器上版面字符的实际大小。如果最终的版面是一个在网上浏览的网页，那就一定要考虑到显示分辨率的问题。

Niels Schrader/ 字体大小的变化引导读者的阅读流程

4 版面设计版面设计

5 版面设计版面设计

6 版面设计版面设计

7 版面设计版面设计

8 版面设计版面设计

9 版面设计版面设计

10 版面设计版面设计

11 版面设计版面设计

12 版面设计版面设计

13 版面设计版面设计

14 版面设计版面设计

15 版面设计版面设计

16 版面设计版面设计

17 版面设计版面设计

18 版面设计版面设计

19 版面设计版面设计

20 版面设计版面设计

21 版面设计版面设计

22 版面设计版面设计

23 版面设计版面设计

24 版面设计版面设计

25 版面设计版面设计

26 版面设计版面设计

27 版面设计版面设计

30 版面

36 版面

48 版面

60 版

72 面版

80 面

90 版

100 面

招生专业简介

设计学院

工业设计专业

艺术设计（视觉传达设计）专业

艺术设计（环境艺术设计）专业

艺术设计（公共艺术设计）专业

动画专业

广告学专业

纺织服装学院

服装设计与工程

服装艺术设计

服装设计与表演

艺术系

美术学（师范类）专业

音乐学（师范类）专业

舞蹈编导专业

教育部直属 国家"211工程"重点建设高校

2005 江南大学艺术专业招生简章

SOUTHERN YANGTZE UNIVERSITY

教育部直属 国家"211"工程重点建设高校

2005 SOUTHERN YANGTZE UNIVERSITY

江南大学艺术专业招生简章

江南好

招生专业、计划及考试科目

报考条件

专业考试报名

录取方法

专业考试时间及考点设置

★美术设计类：

★服装设计与表演：

★音乐学：

★舞蹈编导：

专业成绩查询及文化考试报名

答考生问

1. 你校专业考试中各科目的考核要求是什么？

2. 你校音乐学专业、舞蹈编导专业的考试大纲是什么？

3. 报考你校美术设计类专业是否可以兼报？

4. 你校素描、色彩考试是写生还是默写？

5. 你校2005年艺术类专业设置有什么变化？

6. 你校招生录取时专业志愿以什么为标准？

7. 你校美术设计类录取的分数怎样计算？

8. 第二志愿报考你校舞蹈编导的考生需注意哪些事项？

9. 你校艺术类收费情况如何？

10. 你校如何帮助家境困难的学生完成学业？

11. 你校毕业生就业情况如何？

王俊 / 招生简章 / 这是一份艺术专业招生考试的宣传品，它一方面可以贴在墙上起到海报的作用，另一方面它可以折叠成一长条，发放给每一位考生，因此，这份简章的字符大小就特别重要，要满足不同的观看方式，标题的字号比较大，以吸引读者；内文字数较多，采用的是 10 号字；色块的分隔使众多的信息得到很好的分类，以便于查找 / 2005 年

社会调查报告 / 在这个型录设计中所有版面中的字体风格都是相近的，但通过字号的大小形成丰富的画面效果。通常一个页面中不要使用超过三种以上不同风格的字体。型录中，字体大小一定要打印成 1 ∶ 1 大小，才能正确判断所用字号是否符合视觉习惯

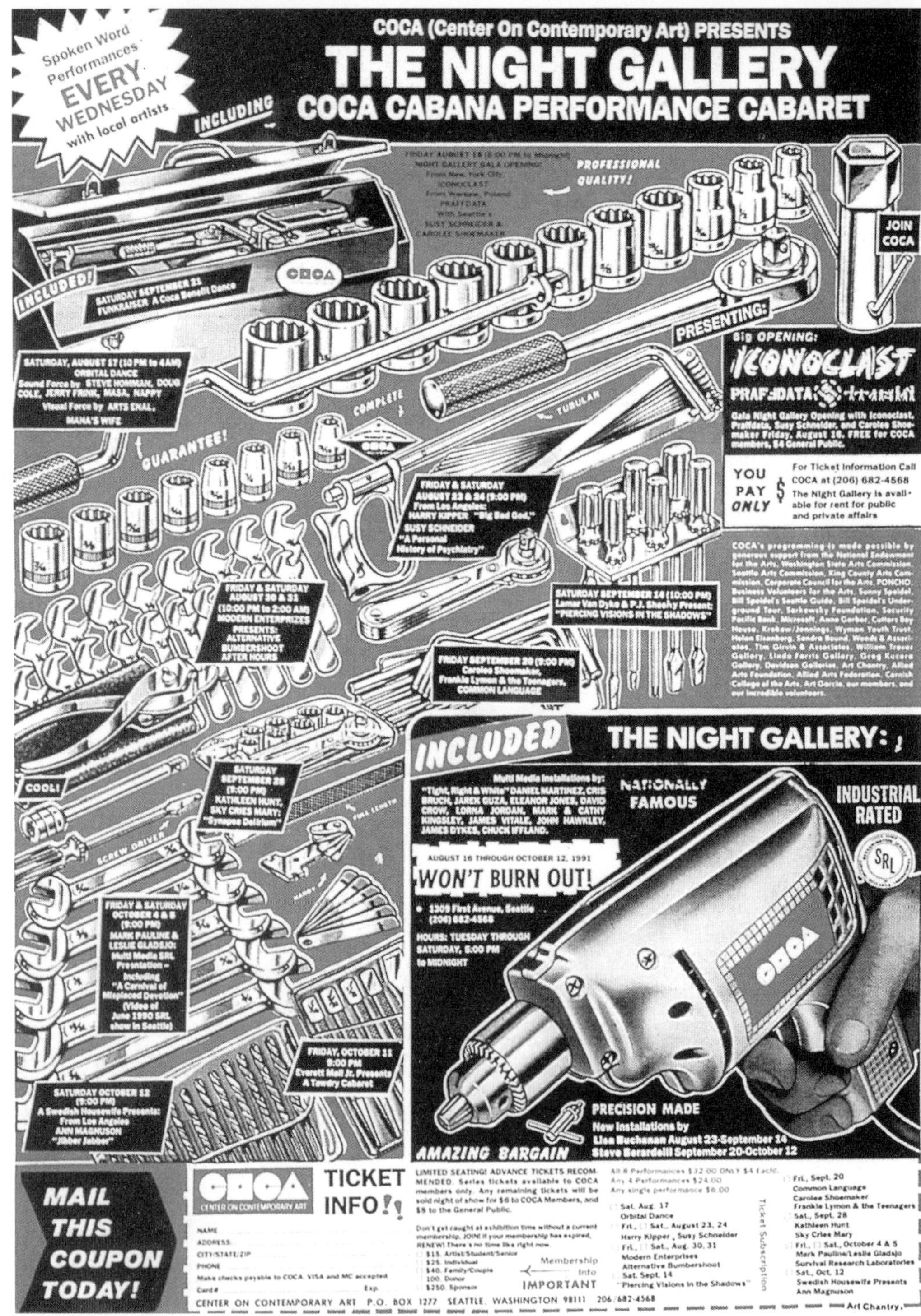

阿特 · 阡陲（Art Chantry）/ 美国 / 夜晚艺廊海报 / 对于这样大尺寸的海报，设计稿一定要放大成 1:1 对照，以确保文字字号的大小能清晰辨认 / 1991 年

Saturday, April 9,
7:30 to 9:00 PM
At Grand Prix Motors Limited,
1401 12th Avenue
(12th & Union)
KUSTOM CAR & COMIX
KULTURE: PAST PRESENT
& FUTURE
A Panel Discussion with
Robert Williams (Artist), Zan
Dubin (Arts Writer. *L.A. Times*),
Gary Groth (Publisher,
Fantagraphics Books), James
Brucker (Collector), Suzanne
Williams (Artist), Greg
Escalante (Curator).
$5 General Public,
COCA Members $3.

Saturday, April 23, 9:00 PM
ESTRUS RECORDS Presents
THE MAKERS
with
The Galaxy Trio
$6 General Public,
COCA Members $4

Saturday, May 28,
2:00 PM to Midnight
COCA and Almost Free
Outdoor Cinema present
STREET ROD RALLY & URBAN
DRIVE-IN with "IT CAME FROM
OUTER SPACE" in 3-D
Show off your rod — the rally is free!
Movie starts at dark — $3
Fremont Fair Grounds
(U-Park lot at north end of
Fremont Bridge)

Saturday, June 4, 9:00 PM
ESTRUS RECORDS PRESENTS
KUSTOM KULTURE KLIMAX
with MONO MEN and
THE DEL LAGUNAS
$7 General Public,
COCA Members $4

APPROVED FOR NOISE CONTROL

CENTER ON CONTEMPORARY ART
APRIL 8 THRU JUNE 4, 1994

1309 FIRST AVENUE (206) 682-4568
AT COCA (2 blocks south of the Pike Place Market)

MOON eyes

Von Dutch™

Grand Opening, Friday, April 8
8:00 PM to Midnight
Featuring the Swingin' Surf Sounds of
Los Hornets and The Splashdowns, with
Pinstriping and Airbrushing Demos.
Many exhibiting artists will be present.
$5 General Public, COCA Members FREE.

ROBT. WILLIAMS ©

Daily Admission: $3.00 / Free for COCA members
Gallery Hours: 11-6 Tues. thru Sat.
First Thurs. open until 8 p.m. (free from 6-8)

KEVIN ANCEL, ANTHONY AUSGANG, PETER BAGGE, BILLY AL BENGSTON, ART CHANTRY, JAMES CLEVELAND, LYNN COLEMAN, OWEN CONNELL, COOP, KIPP DAVIS, GEORGANNE DEEN, CAM GARRETT, RICK GRIFFIN, KIM HALL, TOM HENRY, JAIME HERNANDEZ, RANDY HUSSONG, BEN IRELAND, ERIC JOHNSON, MILO JOHNSTONE, MIKE KELLY, TOM KNEBEL, MICHAEL KNOWLTON, KRYSTINE KRYTTRE, RICH LAPEER, JACQUES MOITORET, STANLEY MOUSE, ED NEWTON, PAULA NUTTER, GARY PANTER, THE PIZZ, JIM SHAW, RON SIEKER, JOHN SOUZA, CORIE STEIN, RICHARD STEIN, JEFFREY VALLANCE, LARRY WESSEL, CHRIS WILDER, SUZANNE WILLIAMS, BASIL WOLVERTON R.E. BEANS, JIM BLANCHARD AND MORE!

glamorama

ORIGINAL

WORKS BY "BIG DADDY" Ed Roth®

OVER 3 MILLION COPIES SOLD! USED BY U.S. ARMED FORCES

Art Chantry

阿特 · 阡陲 (Art Chantry) / 美国 /Kustom Kulture 画廊海报 / 1991 年

栏线的粗细

栏线的粗细也是有点数的。虽然在电脑上可以随心所欲地创造出各种粗细的栏线，可是想要知道这些线到底印刷出来是什么效果，还是得使用这些标准的点数来作比较。

在栏线上，想选择什么样粗细的线条，这全看它的预设功能是什么，想营造出什么样的视觉效果。就某些方面来说，栏线的长度会影响到它的视觉外观，同样粗细的两条线，短的线看起来要比长的线来得沉重一些。在底色上反白的栏线要注意视错觉以及在印刷中的套版问题，一般要稍微设得粗一些。

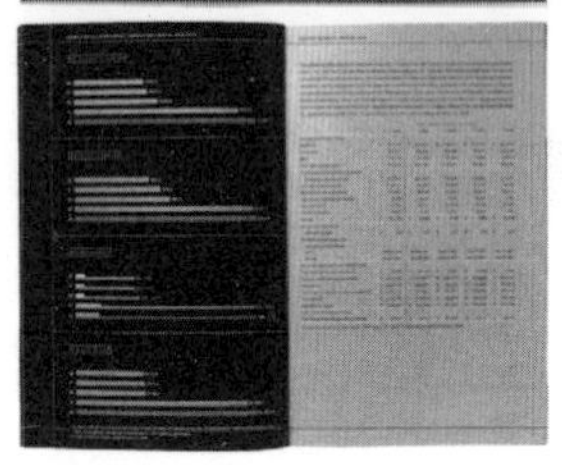

公司年鉴 / 细致的栏线能很好地分隔文字和表格内容，也能让简洁的画面不至于太空洞，在应用中要掌握好线的粗细和颜色

极细线

0.5pt

1pt

2pt

4pt

6pt

8pt

12pt

1pt

3pt

6pt

4pt

4pt

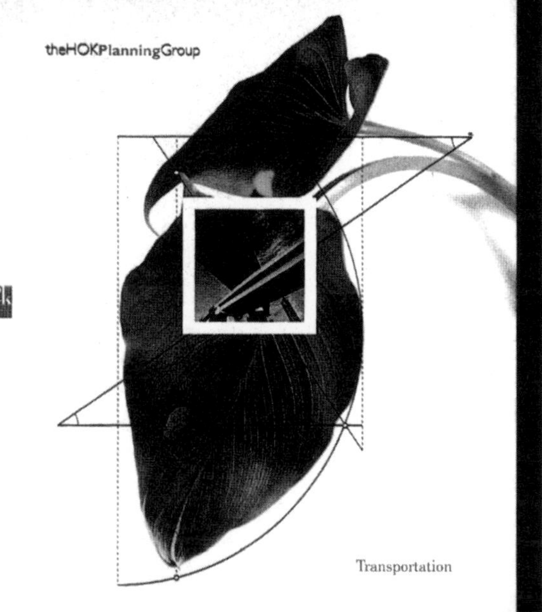

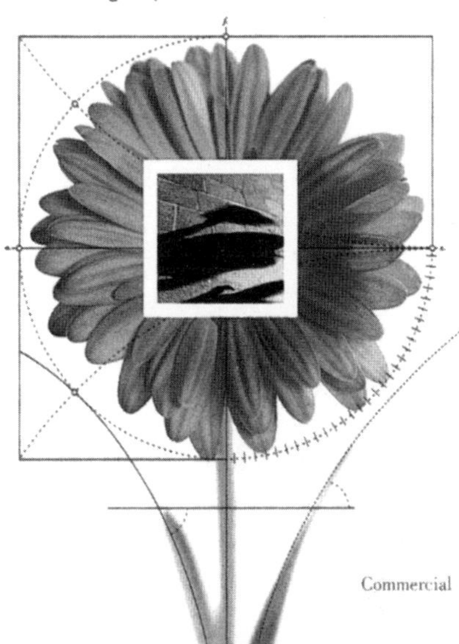

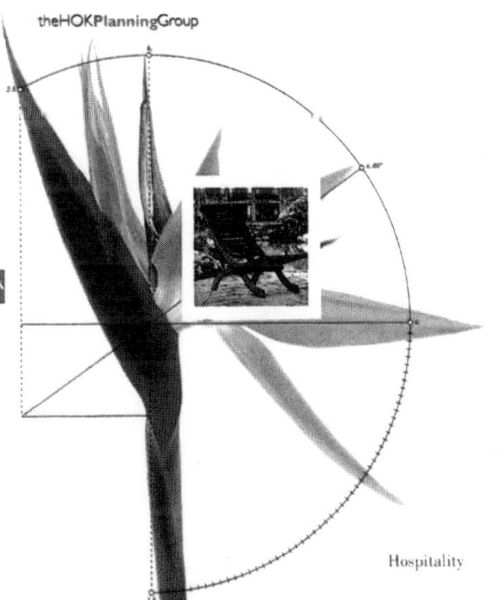

theHOKPlanningGroup

Urban Redevelopment

字体的搭配组合

在版面设计中，不管包含多少方面、多少内容层次的文字内容，它们都会有主次之分，这就要通过字体的类型和大小来配合展现了。看似简单的字体选择与搭配，却需要通过不断的设计实践来积累经验，加深对不同字体的认识，进行灵活的组织。

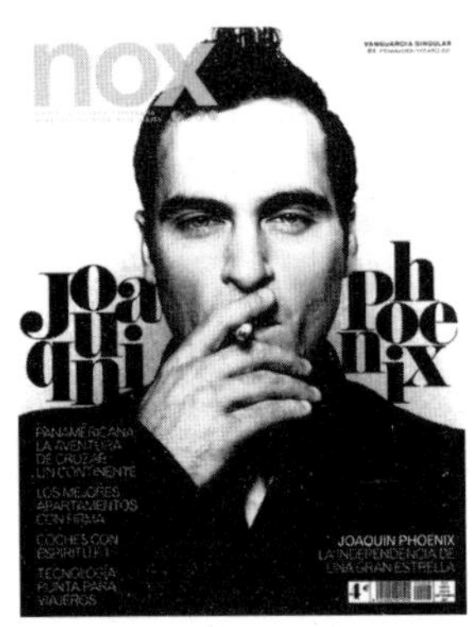

Celine Robert / 杂志封面设计

字体搭配的一般规律有：

■ 一幅作品中字体类型不宜过多，无论信息量有多少，字体控制在两至三种就足以应对画面的需要，因为即使字体不变，通过改变字体的大小、色彩、装饰手法都可以达到丰富画面的需要。

■ 如果有必要选择三种不同字体，建议少量文字的标题选择较宽粗或有一定装饰性的字体，以吸引阅读，而大量正文、段落文字则适合选择简洁、笔画较细、便于阅读的字体。选择文字类型的时候，易读性是首要考虑的。尽管有许多优美、雅致和易于表现的风格，在选择字体的时候要尽量避免使用过分装饰的风格。

■ 搭配不同字体时，要注意它们之间的包容性，既要区别又要统一协调。汉字和西文字母混排的时候，要特别注意中西文字体风格的协调性，西文内容的文字要选择西文字库，而尽量不用中文字库来处理。

迈克·凯格斯 / 美国 / 1997 计划：野生动物和鸟类的保护 / 看似非常丰富的版面，字体类型的搭配却非常少，采用不同大小的字符、字距、行距和排列的方向营造丰富的视觉效果

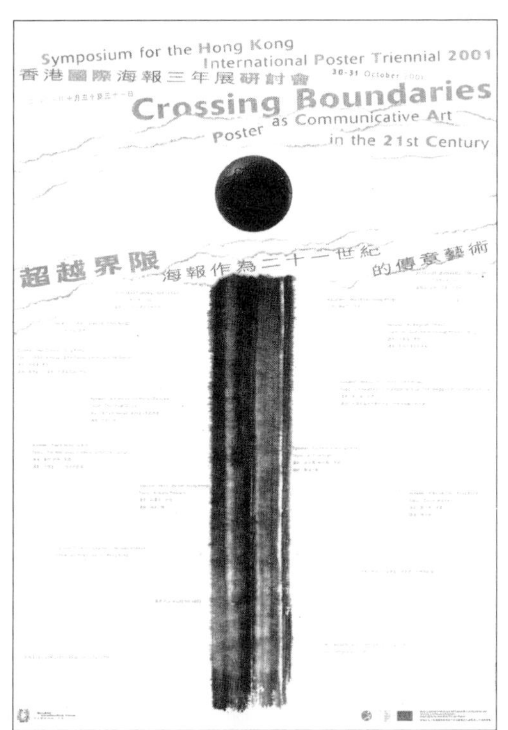

靳埭强 / 香港国际海报三年展研讨会 /2001 年

陈原川、王俊 / X 动力设计节海报 /2003 年

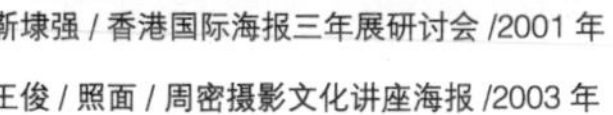

王俊 / 照面 / 周密摄影文化讲座海报 /2003 年

王俊 / 中瑞课题研究海报 / 2004 年

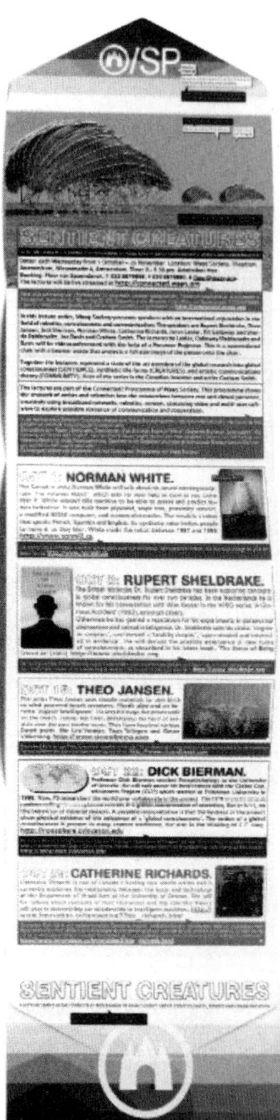

在这张宣传折页中，图形和色彩都已经处理得很丰富，文字应用上就要相对简练，因此所用的字体都是无饰线体，通过字号的大小和文字的颜色，来形成对比与统一

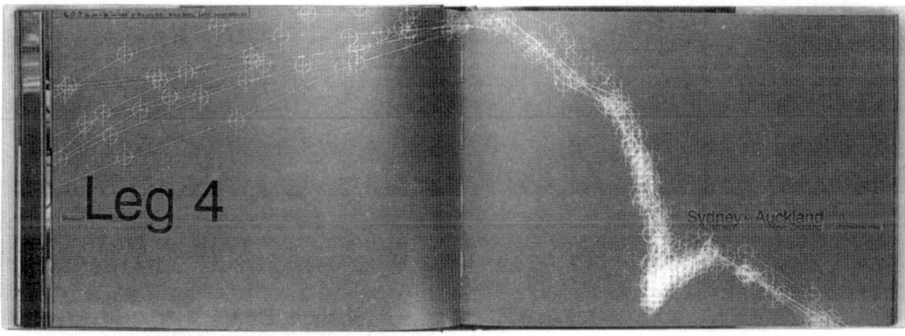

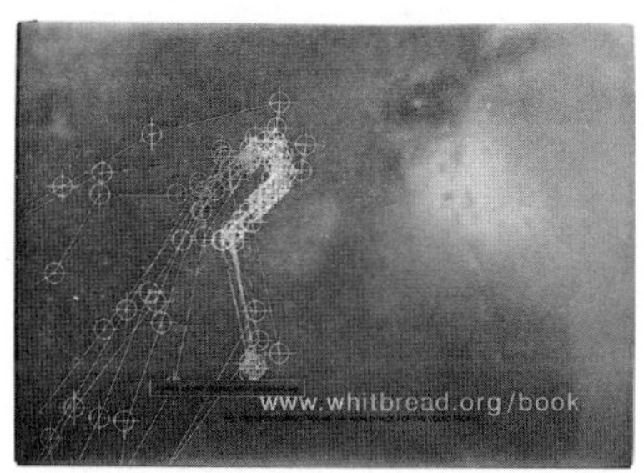

网站型录设计 / 在此幅作品的某些页面中，文字是一种丰富画面的装饰元素，形成复杂的视觉效果，但字体形态上仍然采用了同一种字体，避免过分花哨

字距、行距

AV DG
OS AH
OW IL
HO VA

Have a
Lazy Maple
holiday

拉丁字母字距的调整

调整字距的目的是使字母之间的空白面积在视觉上保持一致，因此不仅应重视字形的差异，并且要注意非闭合形的字母（如 L、S）内腔的知觉作用

字距和行距也是决定版面形式和影响阅读的重要因素。书刊正文字距通常采用“密距”，即设定字符间隔为“0”；排印标题和广告文字可用密距，也可用疏距，必要时还可以采用小于 0 的字符间隔。西文因字母的字形及其内空间富于变化，字距绝对均等反而会造成混乱的视觉印象。计算机对西文字距所作的自动调整适用于大部分文本，但是处理某些特殊文本，例如企业名或品牌名，则有必要根据设计意图和特定的字母组合关系对字距作出适度调节。

中文正文行距一般在半个字高至一个字高之间，但其计算则是从上一行文字顶端至下一行文字顶端，故应设定为字高的 150% 或 175%，一般不超过 200%。西文行距通常小于中文行距。标题导语和短文可采取比较灵活自由的方式，但总的来说，字距不能大于行距，否则会造成阅读上的不连续。

中文书籍正文每行排印 20 ～ 35 个字比较合适，西文每行平均 7 ～ 10 个单词，约 40 ～ 70 个字符最容易阅读。少于此限会造成读者视线频繁移行，多于此限则会使人的目光作长距离水平移动而感到疲倦。报纸和期刊因分多栏编排，每行字数可略少于书籍正文。

在元素内容较多的版面中，字距和行距通常都要求紧密排列的时候，为了保证阅读的流程，行距一定要大于字距，否则就不符合人的阅读习惯

字距：0
行距：150%

感谢你在我伤心时安慰我，
当我生气时你护着我，
当我沮丧时你拉拔我。
感谢你做我的朋友并且在我身旁，
教导我爱的意义是什么，
当我需要动力时你鼓励我。
但我最想感谢你的是，
爱上像我这样的一个人。

字距：0
行距：123%

Thank you for comforting me when I'm sad
Loving me when I'm mad
Picking me up when I'm down
Thank you for being my friend and being around
Teaching me the meaning of love
Encouraging me when I need a shove
But most of all thank you for
Loving me for who I am

字距：0
行距：175%

感谢你在我伤心时安慰我，
当我生气时你护着我，
当我沮丧时你拉拔我。
感谢你做我的朋友并且在我身旁，
教导我爱的意义是什么，
当我需要动力时你鼓励我。
但我最想感谢你的是，
爱上像我这样的一个人。

字距：0
行距：143%

Thank you for comforting me when I'm sad
Loving me when I'm mad
Picking me up when I'm down
Thank you for being my friend and being around
Teaching me the meaning of love
Encouraging me when I need a shove
But most of all thank you for
Loving me for who I am

字距：0
行距：200%

感谢你在我伤心时安慰我，
当我生气时你护着我，
当我沮丧时你拉拔我。
感谢你做我的朋友并且在我身旁，
教导我爱的意义是什么，
当我需要动力时你鼓励我。
但我最想感谢你的是，
爱上像我这样的一个人。

字距：0
行距：162%

Thank you for comforting me when I'm sad
Loving me when I'm mad
Picking me up when I'm down
Thank you for being my friend and being around
Teaching me the meaning of love
Encouraging me when I need a shove
But most of all thank you for
Loving me for who I am

王俊 / X 动力设计节宣传折页
对于文字信息量很大的版面来讲，字距和行距尤其要解决好，
中文字和英文字的字距、行距要区别对待，
在把握好文字易读性良好的前提下，展现版面形式上的创意 / 2003 年

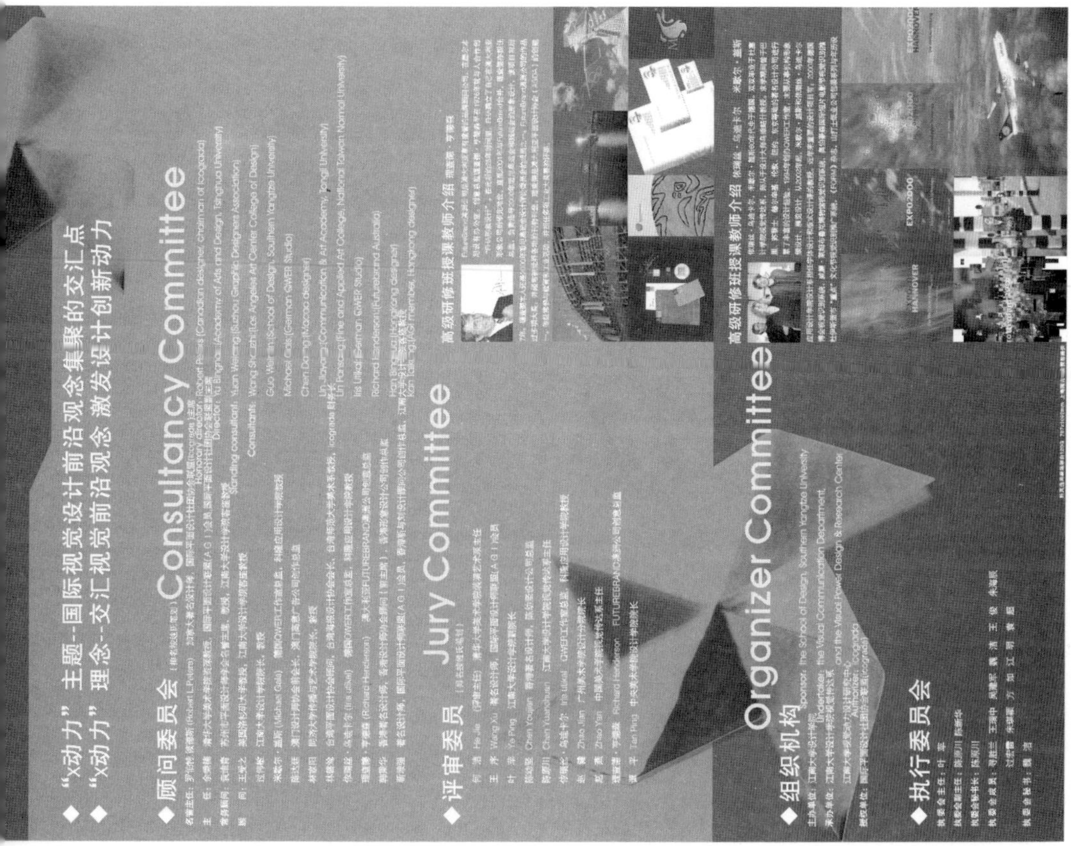

◆ “X动力” 主题--国际视觉设计前沿观念集聚的交汇点
◆ “X动力” 理念--交汇视觉前沿观念 激发设计创新动力

◆ 顾问委员会 Consultancy Committee

◆ 评审委员 Jury Committee

高级研修班授课教师介绍

◆ 组织机构 Organizer Committee

◆ 执行委员会

Sabine Wilms / 保护人 /
有时候字距、行距也不必太过于拘泥，在这些版面中，字距不等，有些很紧，有些拉得很开，行距也是如此，文字像雨点一样洒在画面中 / 2001 年

版面设计中，编排大量文字信息时，用文字的大小和不同的字距、行距处理，来强调它们的重要程度和阅读顺序。行距越大，每一行的字体越突出；字距越大，单个字就越突出。一般标题的字号和间距都较大，或用线、面等元素强调出来，和正文形成较明显的对比。标题的文字成为一个个小方块，较小的标题成为一个长方形的窄面，正文大量的文字在页面中被看做一个个灰面，这样，大小不同的文字块面穿插在一起，不至于令阅读过于疲劳

基本编排形式

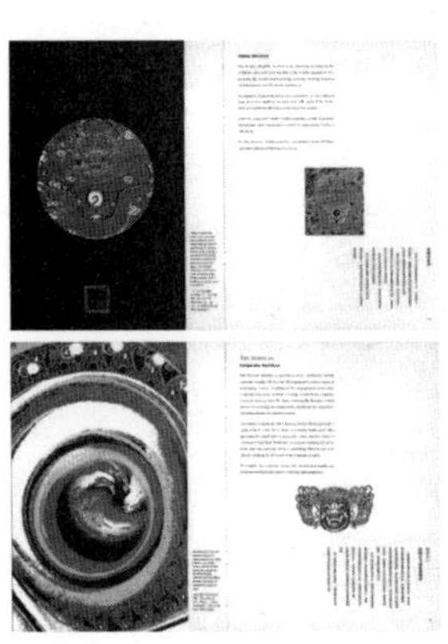

地产公司简介

文本的组织形式通常被归纳为五种基本类型，在许多图形设计软件中的段落格式也以此分类。这些基本形式看似简单，却具有广泛的应用价值，以及综合与变化的多种可能。

左右对齐

行首和行尾都整齐的形式。中文出版物的正文大都以此方式排印，西文书刊的传统编排形式也是此方式，但必须调节词距以保证每一行文字首尾排齐，在实在无法回避的情况下，采取“移行”，即依据音节划分将一个单词拆开排在两行的做法。

中央对齐

这种形式适合较短小的内容，如标题导语和短篇的文字，在西方被视为具有古典风格的形式。

左边对齐

行首排列整齐、行尾长短参差的编排形式。这种形式解决了西文因单词所包含的字符数量不等而不便于左右对齐编排的问题，自20世纪中期被欧美设计界广泛采用，成为现代版面风格的重要特征之一。中文印刷品的标题、图版说明等文字也可依照这种形式编排，但长篇的正文一般不宜采用这种形式。

食品设计折页 / 上面的文字分别用左边对齐和右边对齐的排列方式，轻松地解决了单一文字的排列方式

右边对齐

与“左边对齐”对应的形式，这种形式也只适用于少量文字，因为每一行起始部分的不规则增加了阅读的时间和精力。

自由格式

这种格式每行文字没有明确的对齐线，自由活泼，很具有时代感，它需要设计师花许多时间和精力反复调整，但它确实为版面设计提供了无限的可能性。

中式竖排版式

现代版面的中式版式法则，是从中国古代书籍木雕版书页的样式发展而来的。

中国古籍木雕版线装书页面的样式，版心偏下，天头大而地脚小。书口或黑或白，象鼻、鱼尾构成了中国版式的独特形式。文字自上而下竖排于界栏之中，行序自右向左，与古代的书写顺序保持一致；版心四周单边或文武边，将文字聚拢在版框之内。

现代版面设计中的中式竖排的方式，多用于表现东方传统文化和中国古典文学艺术。不过这种排版方式也存在一些局限，比如，在汉字的行文中出现西文、阿拉伯数字、符号等，就很难处理。

陈幼坚 / 东京西武百货公司 / 1988 年

从 19 世纪末开始，随着西方近代印刷技术的传入，我国书籍的排版方式渐渐由竖排转变为横排。横排比竖排更有利于阅读。关于这一点，新中国成立不久，郭沫若在中国文字改革研究委员会成立会上就指出："就生理现象说，眼睛的视界横看比竖看要宽得多。根据实验，眼睛直着向上能看到 55°，向下能看到 65°，共 120°。横看向外能看到 90°，向内能看到 60°，两眼相加就是 300°，除去里面有 50° 是重复的之外，可以看到 250°，横的视野比竖的要宽一倍以上。这样可以知道，文字横行是能减少目力损耗的。"实践也证明：文字自左向右横排，行序自上而下的排版方式，比较适合人类眼睛的生理构造，更符合科学的阅读规律。

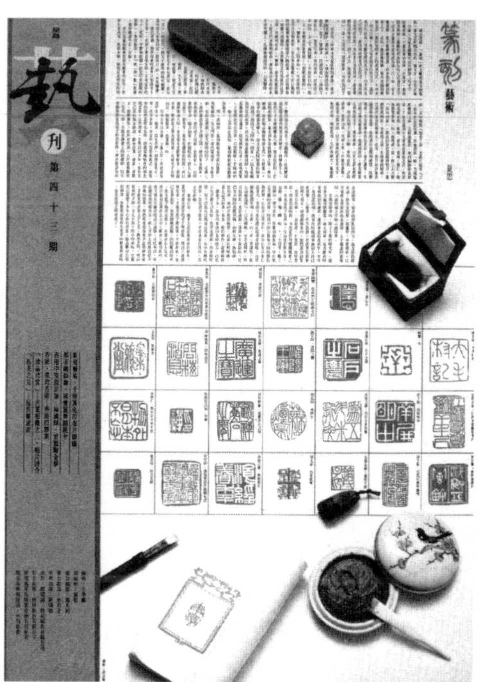

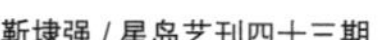

靳埭强 / 星岛艺刊四十三期

陈幼坚 / 兰亭茶叙机构形象 / 1993 年

陈幼坚 / 陈茶馆机构形象 / 1993 年

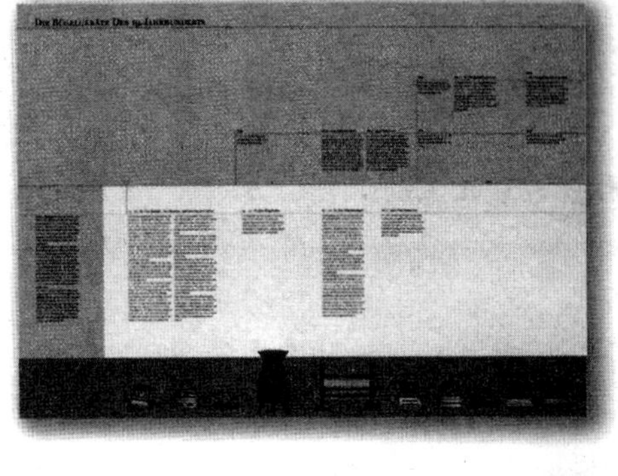

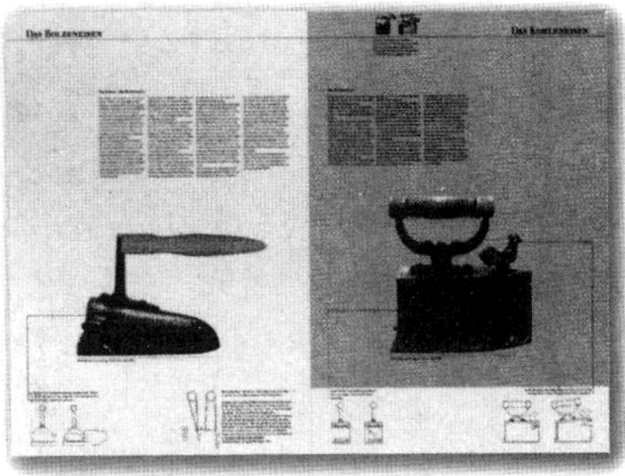

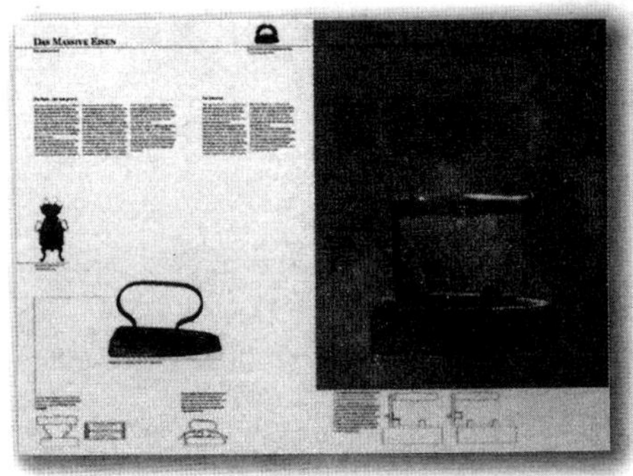

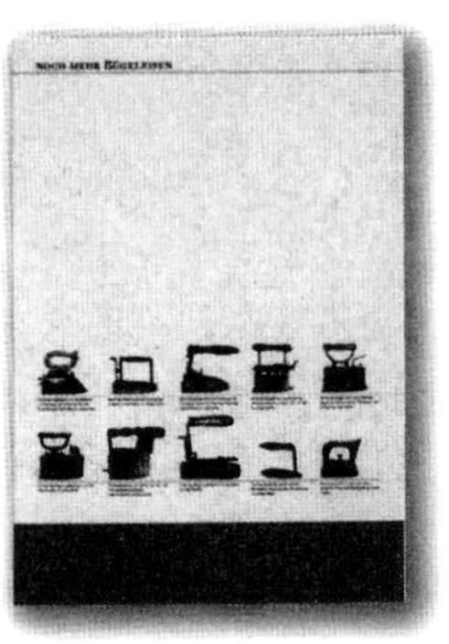

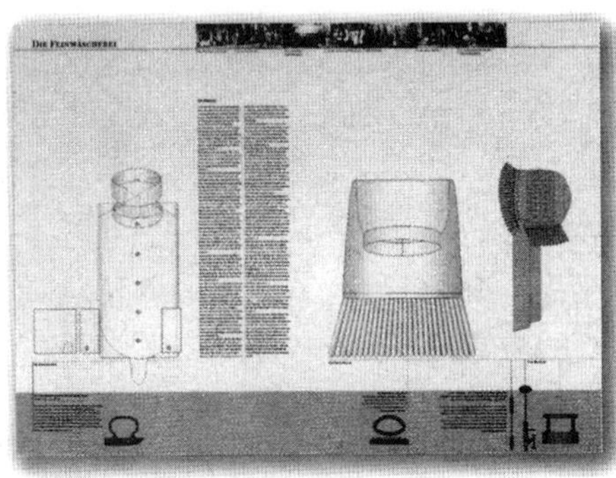

报纸增刊 / 这是一份介绍生活用具发展的宣传资料，附有大量的说明文字，在排列形式上都采用的是左对齐方式。英文单词的长短不一，自然造成了右边富有节奏变化的边缘，左对齐的整齐边缘起到引导视线的作用

FÊTE DU LIVRE 2004

UNE AUTRE AMERIQUE

LISTE DES INVITÉS

GUEST LIST

RUSSELL BANKS
WILLIAM KENNEDY
LOUISE ERDRICH
CAROLYN FORCHÉ
NATHAN FARB
MICHAEL ONDAATJE
RAOUL PECK
FRANCINE PROSE
PATTI SMITH
ISHMAEL REED
ELLEN HINSEY
MICHEL ABESCAT
MICHEL FABRE
C. K. WILLIAMS
CLAIRE MALROUX
RICHARD PRICE
OLIVIER COHEN
MARIE-CLAIRE PASQUIER
PIERRE FURLANA

AMPHITHÉÂTRE DE LA VERRIÈRE

PROGRAMME

14 JEUDI THURSDAY

Soirée inaugurale / Opening night — Russell Banks, Louise Erdrich, Carolyn Forché, William Kennedy, Francine Prose, C.K. Williams, Michael Ondaatje, Richard Price, Ishmael Reed, Patti Smith, Russell Banks, Raoul Peck

Vernissage / Art Opening / Cocktail — Expositions de photographies, Exhibitions of photos, Arturo Patten, Nathan Farb

Récital / Concert — Poésie et musique, Poetry and music, Patti Smith, Oliver Ray

15 VENDREDI FRIDAY

Rencontre et lecture / Meeting and reading — Richard Price, Michael Ondaatje, Russell Banks

Table ronde / Meeting — Le rêve américain et le cauchemar américain, The American Dream and The American Nightmare — Russell Banks, Louise Erdrich, Carolyn Forché, C.K. Williams, Richard Price, Francine Prose, Ishmael Reed, Raoul Peck

Projection du film / Projection of a movie — De beaux lendemains, The Sweet Hereafter, Un film Atom Egoyan, A film by Atom Egoyan

16 SAMEDI SATURDAY

Signatures / Signing

Rencontre et lecture / Meeting and reading — Carolyn Forché, Francine Prose, Louise Erdrich, Ishmael Reed, William Kennedy, C.K. Williams

Projection du film / Projection of a movie — Le Patient anglais, The English Patient, Un film Anthony Minghella, A film by Anthony Minghella

17 DIMANCHE SUNDAY

Signatures / Signing

Table ronde / Meeting — L'imagination engagée, The Committed Imagination — William Kennedy, Carolyn Forché, Russell Banks, Richard Price, Ishmael Reed, Francine Prose, C.K. Williams, Raoul Peck

Clôture / Closing — Avec l'ensemble des invités, with all the guests

BIOGRAPHIES DES INVITÉS

GUEST BIOGRAPHIES

RUSSELL BANKS

CAROLYN FORCHÉ

阿佩罗 / 异域美洲 / 法国艾克斯–普罗旺斯年度文学节节目单 / 小段分布的英文很适合采用左边对齐的编排方式

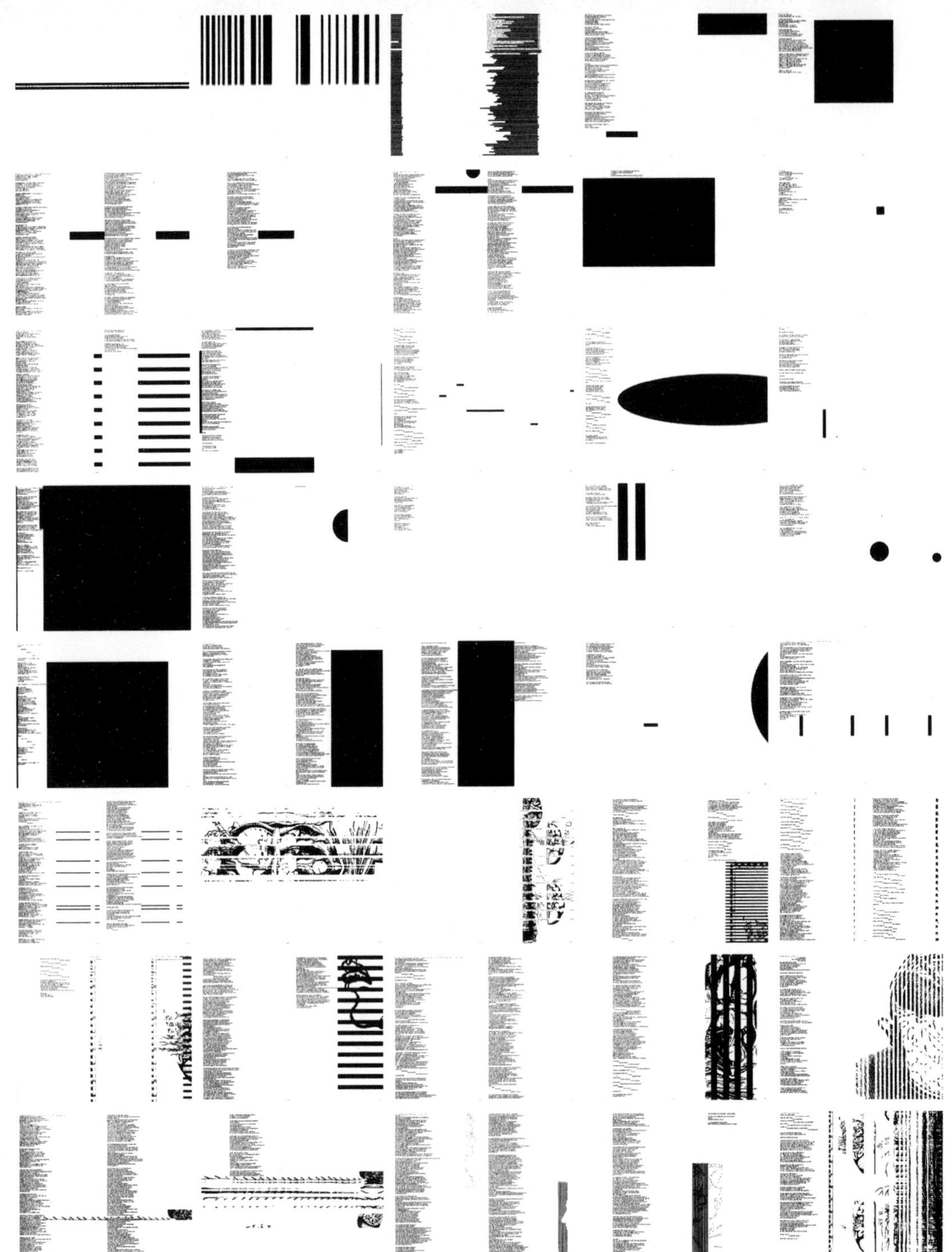

赛恩工作室 / 斯卡丹纳利诗集 / 文字的精心编排显示出设计师对文字和内容的深刻理解

Electronic Salon

Graduate Student Projects from the MIT Media Lab: Aesthetics and Computation Group

Exhibition

Otl Aicher: Designer and Educator

Design Events at The Cooper Union School of Art Fall 2000

graphicooper

Design Events Fall 2000 The Cooper Union School of Art

John Maeda

April Greiman

Nancy Skolos

Keith Godard

Ruedi Baur

Alexander Gelman

Wolfgang Weingart

阿佩罗 /《库柏平面》/ 纽约库柏联邦艺术学院平面设计活动请柬 / 文字的编排形式非常自由，同时也很整体，文字排列成块面，其中的细线起了很重要的分隔和导向作用，不可缺少 / 2000 年

学院概况

江南大学为国家教育部直属院校，是国家“211”工程重点建设的高校，江南大学设计学院创建于1960年，设计艺术学科为国家“211”工程重点建设的部门，该学科为中国现代设计教育的发展作出了开创性的贡献。

师资力量雄厚，国内外学术交流频繁，设计学院拥有多专业方向相互交叉、共同发展的富有特色的专业学群，具有良好的学术研究氛围以及完整的学术研究体系，现有正教授10名，副教授23名，硕士生导师19名，在校本科生1200余名，研究生200余名。

改革开放以来，设计学院先后与日本、欧洲、香港地区等学校建立友好合作关系，聘有近二十余名国外著名学者为名誉教授，并多次举办有影响的大型国际设计学术研讨会，该学科已成为国内高层次艺术设计人才教育和研究、国际学术交流的重要基地。

江南大学 设计学院

SCHOOL OF DESIGN OF SOUTHERN YANGTZE UNIVERSITY

工业设计专业

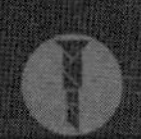

视觉传达设计专业

广告学专业

环境艺术设计专业

媒体艺术专业

建筑学专业

公共艺术设计专业

江南大学
设计学院
SCHOOL OF DESIGN OF SOUTHERN YANGTZE UNIVERSITY
地址：无锡市钱荣路68号江南大学梅园校区
邮编：214064
电话：0510-5801491
网址：www.sodcn.com

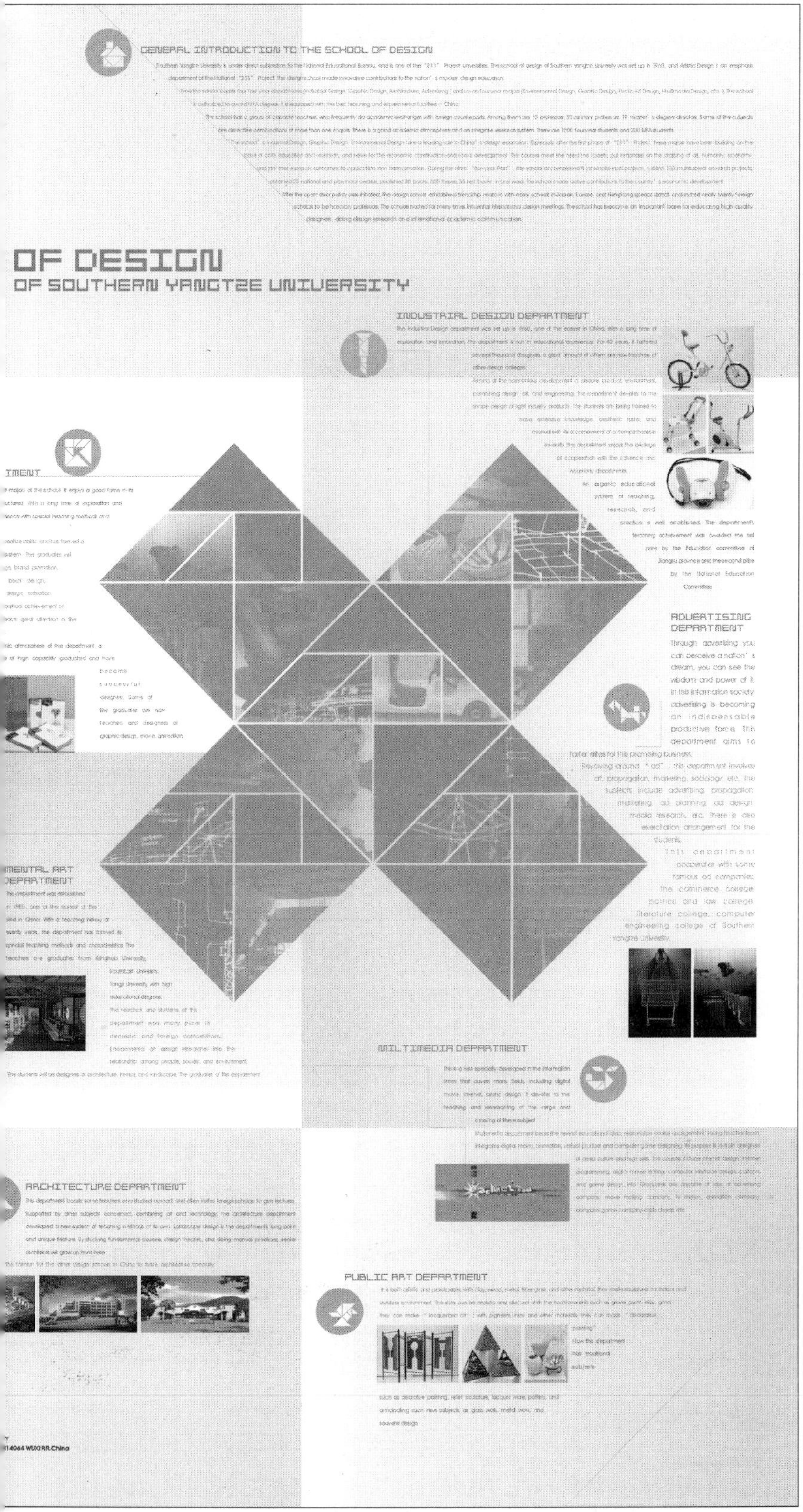

GENERAL INTRODUCTION TO THE SCHOOL OF DESIGN

OF DESIGN
OF SOUTHERN YANGTZE UNIVERSITY

INDUSTRIAL DESIGN DEPARTMENT

ADVERTISING DEPARTMENT

MENTAL ART DEPARTMENT

MULTIMEDIA DEPARTMENT

ARCHITECTURE DEPARTMENT

PUBLIC ART DEPARTMENT

王俊 / 江南大学设计学院宣传海报 / 对于这样文字信息量很大的海报，要解决好两个问题，一是要保证视觉的冲击力，二是要使信息内容清晰可变。此版面采取了灵活多变的编排形式，图文紧密结合为一体，版块清晰，具有良好的传达效果 / 2002 年

田中一光 / 现代音乐’80 /1980 年

田中一光 / Isamu Noguchi 雕刻展 / 1985 年

陈幼坚 / 名古屋造型艺术大学设计研讨会

文字的情感与个性特征

文字源于生活，起源于绘画。文字既是语言信息的载体，又是具有视觉识别特征的符号系统。

任何一种形式的文字字体都具有图形意义，文字的外形、结构与笔画本身就可以看做具有特定含义和固定形态的一种图形。现在文字图形在版面上的设计运用，包括多种构成与装饰手法，不单是字体造型的设计，而是以文字的内容为依据，进行艺术处理，从而创作出具有深刻文化含义的字体形象，以体现文字设计的思想性和情感气质。

书法情怀

中国的文字，是由象形、指事、形声、会意、转注、假借等六种文字组成，即人们所说的“六书”。中国文字起源甚早，把文字的书写性发展到一种审美阶段——融入了创作者的观念、思维、精神，并能激发审美对象的审美情感，也就是一种真正意义上的书法的形成。

现代设计并不能生搬硬套地运用书法，它一方面要继承传统书法的意趣，另一方面又要将这种意趣融入图形构成中进行艺术加工。并不是所有的设计主题都要寻求书法艺术的放逸情怀和气韵生动之美，要根据具体的设计内容来考虑书法的适用性。

日本当代的平面设计中，对汉字和中国书法的深入研究和利用可以说早于我们，但日本设计师主要是从汉字与书法的形式美的角度去寻找可用的平面设计元素。我们可以见到大量的以汉字或日语假名为形，用中国书法的表现方式加入现代平面构成理念的作品。从中我们感受到了汉文化的魅力和汉字对世界平面设计领域独特的影响力。

当代中国设计师在中国传统文化的基础上，试图从不同的视角去表现以汉字和中国书法为代表的中国平面艺术，利用汉字和中国书法作为平面设计元素来表现观念。相对于外国设计师来说，中国设计师似乎更愿意从汉字所蕴藏的中国文化的深层意义中去探寻一些设计元素和灵感，去表现纯正的本土文化特色。在汉字文化中成长起来的中国平面设计师，把握住了中国人的“设计智慧与能力中的优势基因”，他们对中国文化理解的程度，是外国设计师所不具备的。不脱离世间万物的“象”和“形”，并对物象的简约化和概括化表现的汉字，为创意提供了一个富有张力的施展空间。

中国设计师正是把握了汉字的这种特征，将作为主题或语言介质的汉字在平面设计作品中发挥到了一个前所未有的水平。

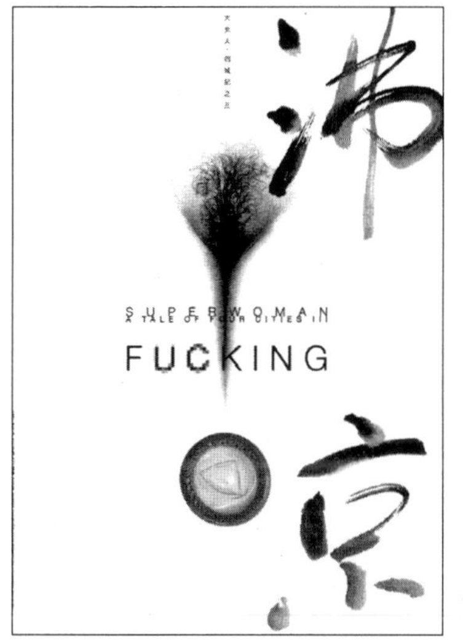

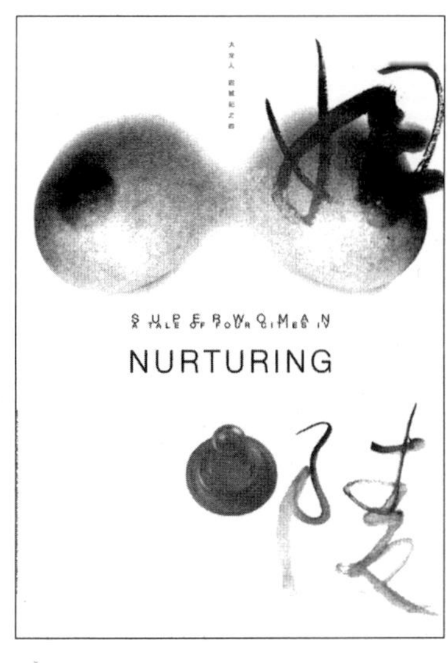

靳埭强 / 大女人海报系列：《四城记》活京、姬城、沸京、妞陵 / 2002 年

靳埭强 / 城市发现 / 儿童作品 / 2000 年

靳埭强 / 城市发现 / 设计师作品 / 2000 年

王序 /《意匠文字》推广海报 /2000 年

陈幼坚 / 电影“笑傲江湖”宣传海报 / 1990 年

文字的图像式表现

现代版面中的字体设计并不只是停留在表面对文字进行美化加工，而是以字形和字意的内在组合来进行个性化设计。

新的文字设计发展潮流中有几种引人注目的倾向。一是对手工艺时期字体设计和制作风格的回归，如字体的边缘处理得很不光滑，字与字之间也排列得高低不一，然后加以放大，使字体表现出一种特定的韵味。其次是对各种历史上曾经流行过的设计风格的改造。这种倾向是从一些古典和传统字体中吸取优美的部分加以夸张或变化，在符合实用的基础上，表现独特的形式美。

在当今，计算机图形设计软件在设计领域逐步成为主要的表现与制作工具。在这个背景下，字体设计出现了许多新的表现形式。利用电脑的各种图形处理功能，将字体的边缘、肌理进行种种处理，使之产生一些全新的视觉效果。最后运用各种方法，将字体进行组合，使字体在图形化方面走上了新的途径。

Ariane Spanie / 聚散的点构成反白的文字

斯考路丝、威戴尔 / 二维和三维交错的招贴 /1996 年

斯考路丝、威戴尔 / 代表活字印刷的金属块面和大号的字母汇聚在一起形成对高速离子印刷机的照片图解 /1990 年

斯考路丝、威戴尔 / “想法、呼吁、参与” 美国工业设计家协会优秀设计年奖招贴 /1999 年

斯考路丝、威戴尔 / 马歇尔 · 杜象记录展招贴 /1996 年

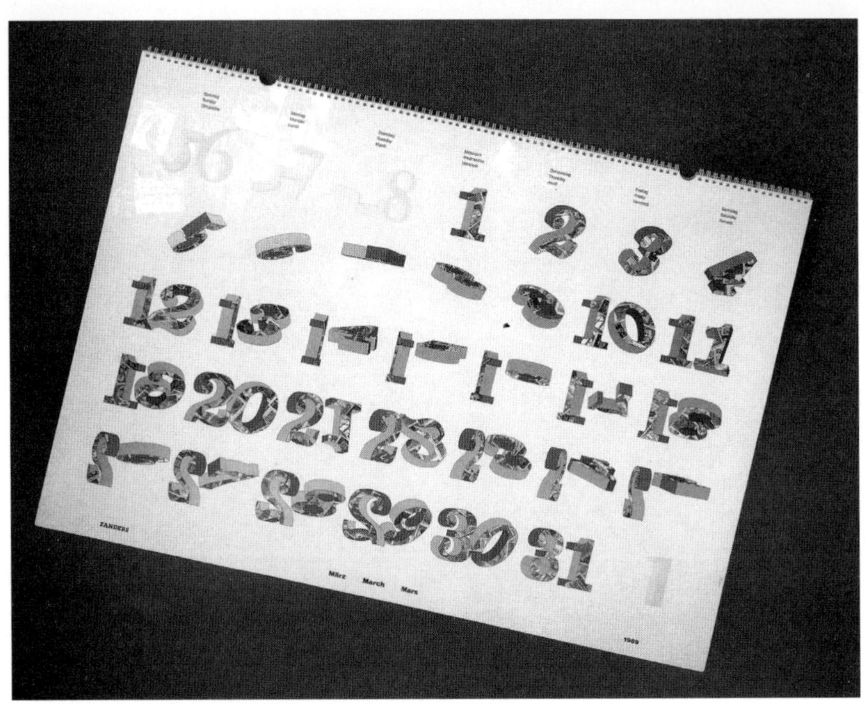

五十岚威畅 / Zanders 挂历 / 1989 年

五十岚威畅 / 五十岚威畅演讲会招贴 / 1987 年

Katja Schloz / 利用水墨效果，将字体处理成流动的图像

意象装饰

文字由象形到抽象的演变使文字形象化、字意象征化。象形的设计手法是把文字化为图画元素来表现，对文字的整体形态进行艺术处理，具象的图形和抽象的笔画巧妙结合，将字体塑造成半文半图的“形象字”，体现绘形绘意的创意性。

中国民间传统装饰就有将花卉、人物故事情节、吉祥寓意融入字体造型中的，如花鸟字、寿字，用自然、生动流畅的文字图形营造出欢乐的气氛。这么多文字装饰的意象改变，为我们的版面设计提供了美妙的元素。

王序 /《意匠文字》书籍字体设计

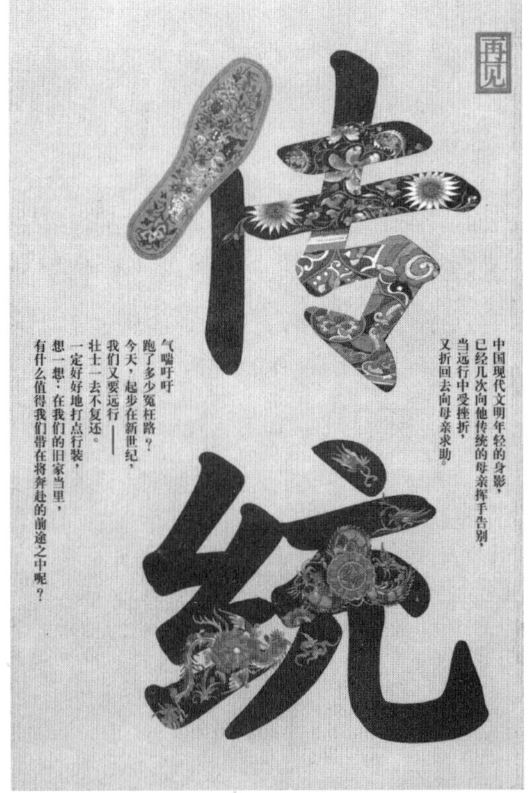

全子 /《再见传统》书籍设计 /2003 年

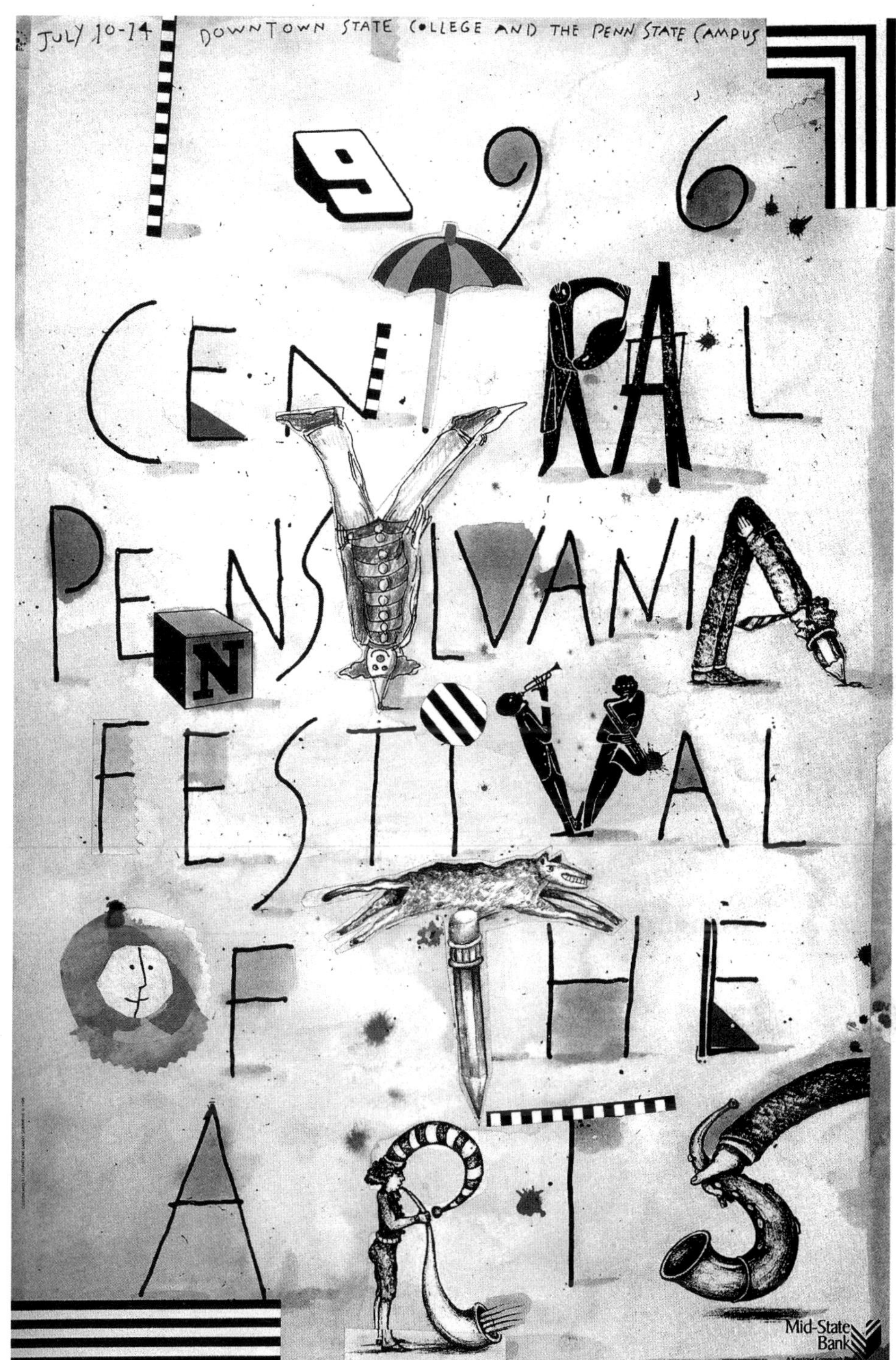

詹姆斯 · 维克多 / 艺术设计节招贴 / 为夏日视觉和表演艺术节所做的纪念性招贴

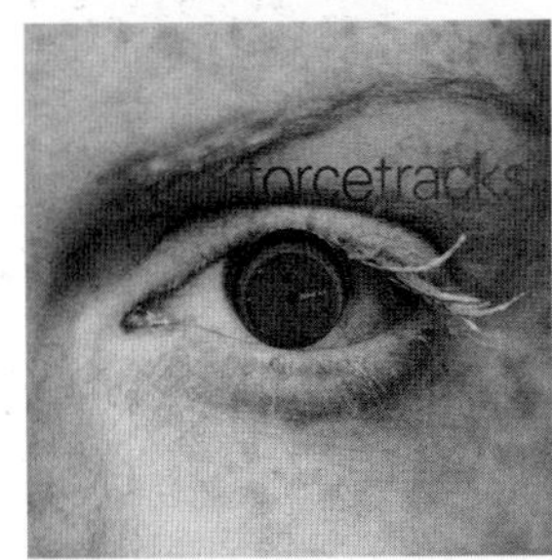

图像的风采

人类最早使用的是图形。图形传情达意的功能，远远早于文字。现在我们已经进入“读图时代”，图像成为更快捷、更直接、更形象的信息传达方式。图像是版面设计中不可缺少的元素，和文字共同使用的时候，图像能提高视觉传达的效果。

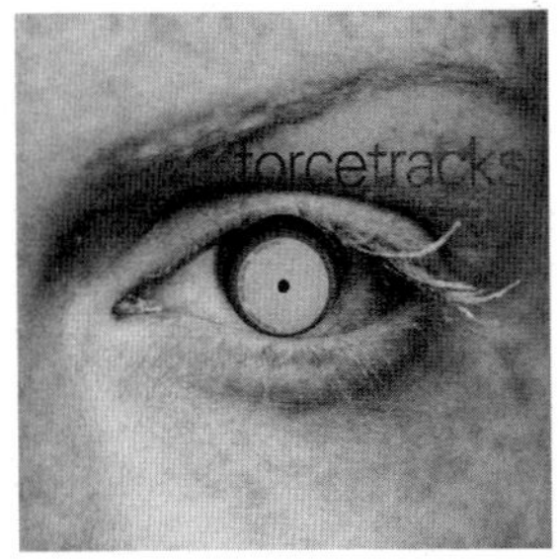

瑟菲斯工作室 /《乐之熊》唱片封套

摄影

摄影诞生的历史并不长，但通过照片这种观看方式，人们打开了一扇了解世界的窗口，也为设计师提供了如此丰富的表现力和视觉手段。设计师在其设计生涯中一直都会使用照片或与摄影师一起工作，人们通过设计创意、印刷质量和传达能力去评价一张照片。设计师从摄影中获得素材，获得灵感，获得激情，并最终获得设计表现的自由与欢悦。摄影的数码化，使照片成为高效率的设计元素，我们怎么在一个设计作品中去妥善安排和处理照片，是需要不断学习和积累的。

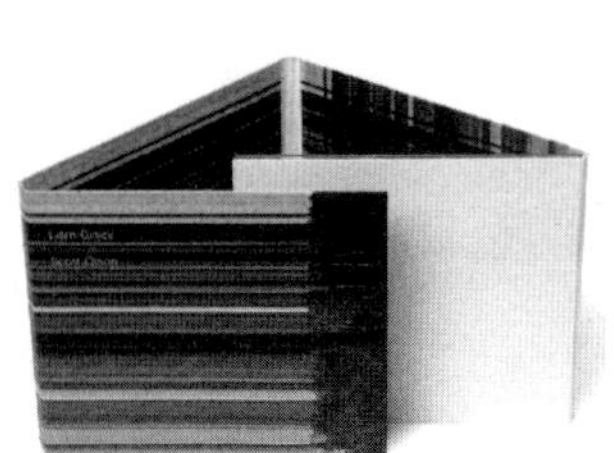

瑟菲斯工作室 /《之为何 001》艺术家之初遇唱片封套 /2000 年

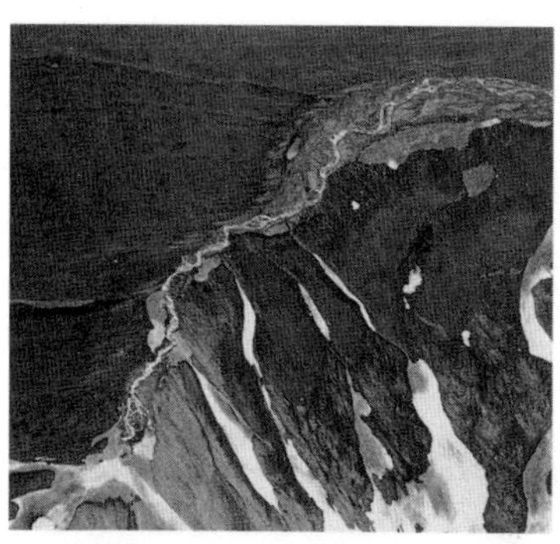

瑟菲斯工作室 /《之为何 004》长河之相唱片封套 /2000 年

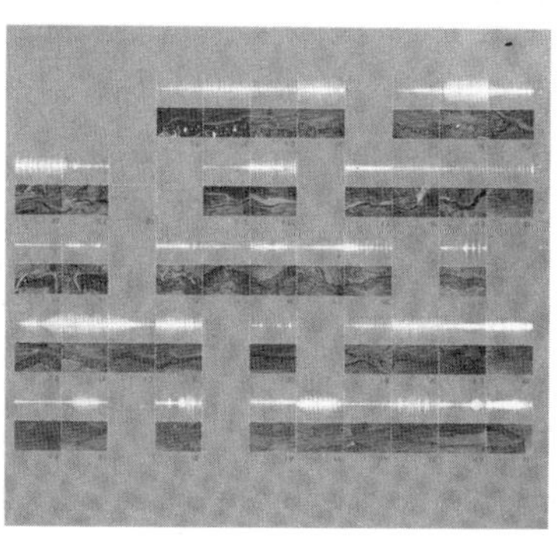
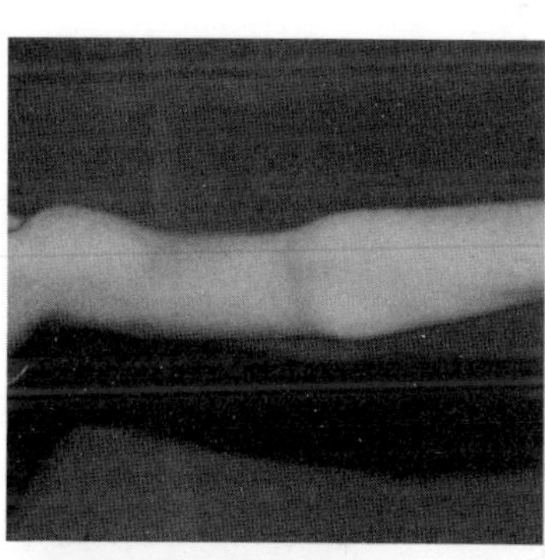

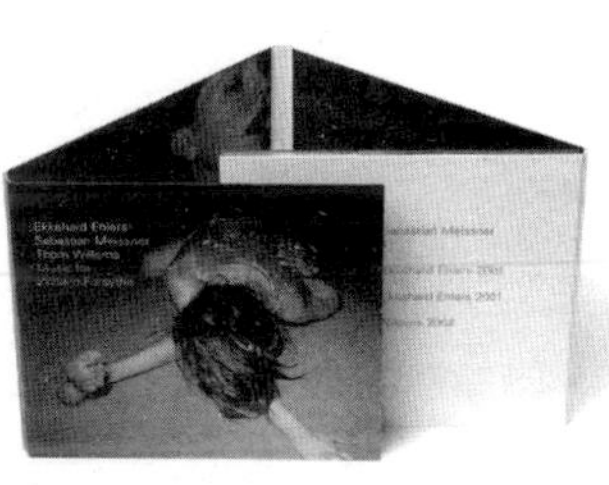

瑟菲斯工作室 /《之为何 005》芭蕾之形唱片封套 /2000 年

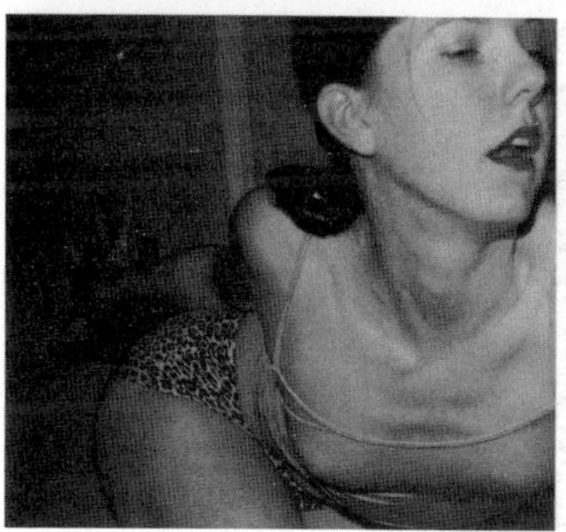

Bodyink / 一个好的型录设计离不开优秀的文案、设计和摄影

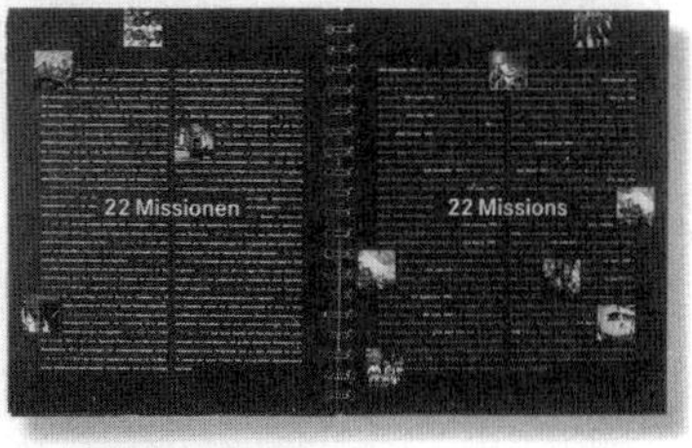

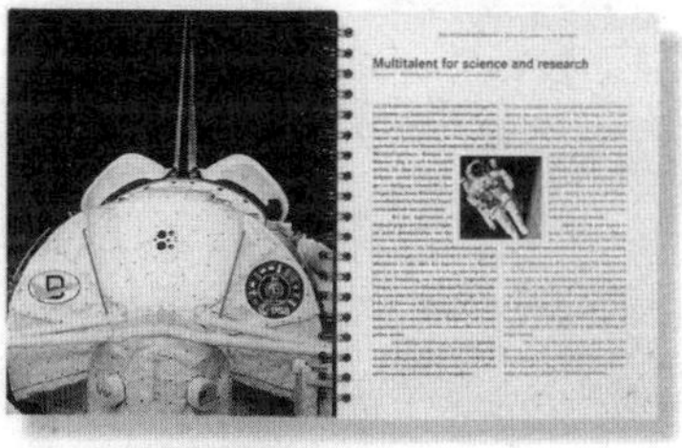

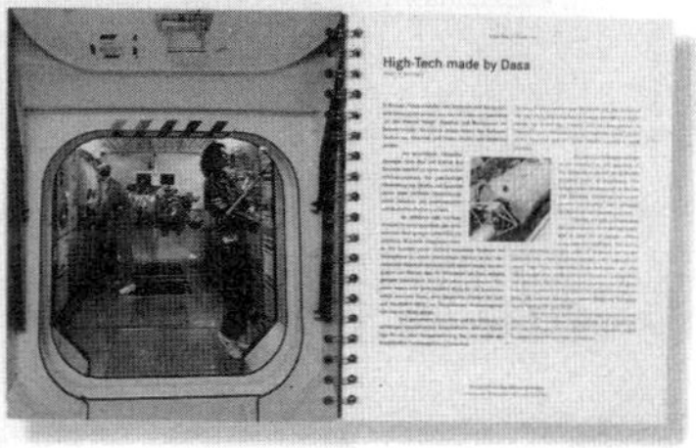

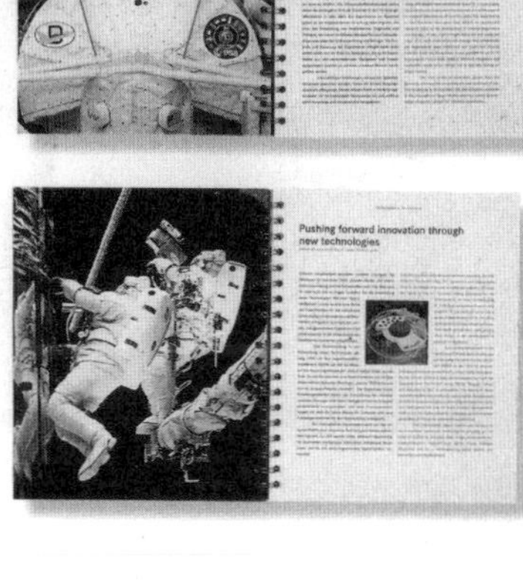

无限勇气 / 这是一本介绍航天探索的型录，精美的太空图片引人入胜

出血图

“出血”是印刷上的用语，即画面充满延伸至印刷品的边缘。出血图，即图片充满整个版面而不露出边框，具有向外扩张、自由、舒展的感觉。运用出血图构成的版面，具有很强的感染力，与读者的距离感接近。同时，这样的构图，对图片质量的要求也很高。

柏林国际展览简介 / Pollock,Cologne / 2002 年

UNA (Amsterdam) designers,The Netherlands Andre Cremer Hans Bockting / 汽车百年纪念

退底

退底，简单说就是去掉照片中的背景，独留事物形象的一种办法。它便于灵活运用主体形象，使之应用更广泛，也为设计画面带来更多的空间。如果你希望画面更具活力、生动、有情趣，对照片作退底是一种有效的办法。它不仅可以去除复杂、不和谐的背景，使主体形象更加醒目突出，而且退底照片能较为容易地与版面中的色块、图形、文字组合构成协调、整体的视觉效果。

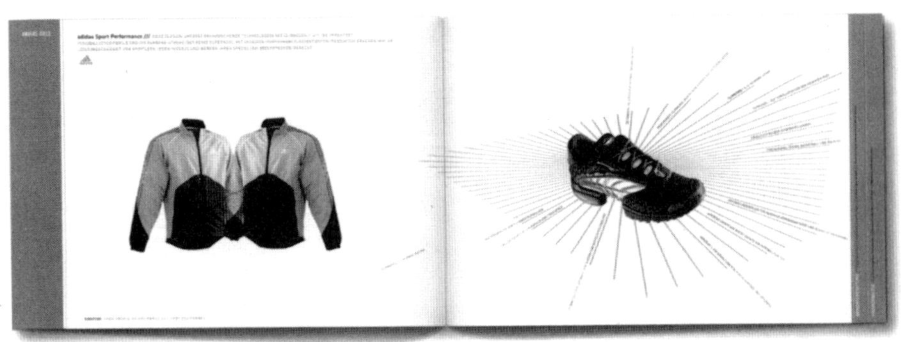

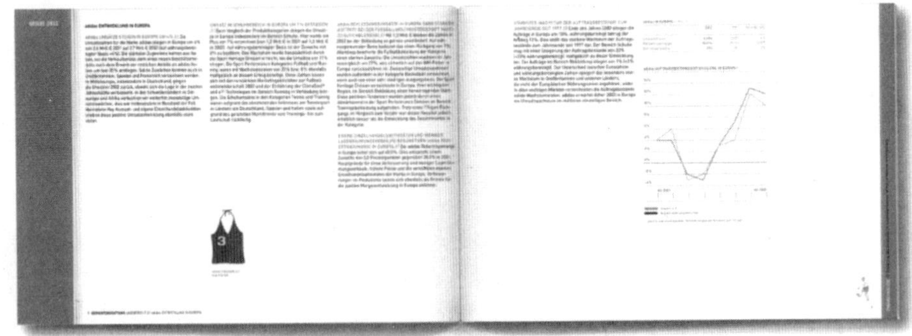

阿迪达斯运动用品型录 / Hafelinger+Wagner design/ 2003年

suvaliv!

Sichere Freizeit

Geschäftsbericht 1995

Mit ihrer neuen Unternehmensstrategie verändert sich die Suva von der traditionsreichen Versicherungsanstalt hin zum modernen, kundenorientierten Dienstleistungsunternehmen mit vier starken Angebotsmarken.

suva

Mehr als eine Versicherung

Fortschrittliches Klinikkonzept und rationelle Arbeitsweise sichern eine hohe Auslastung

suvaCare

Ganzheitliche Rehabilitation

SUVA 保险公司年度报告

合成

除了经过高超的暗房技术制作图片合成外，现在最常用的工具就是电脑合成了，例如 Photoshop 软件，其功能强大，合成效果变化多端，更有利于设计师意念的表达。

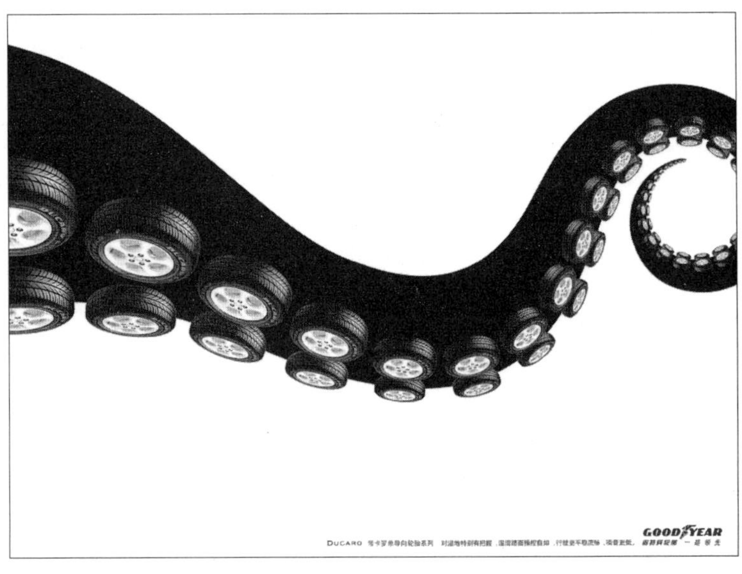

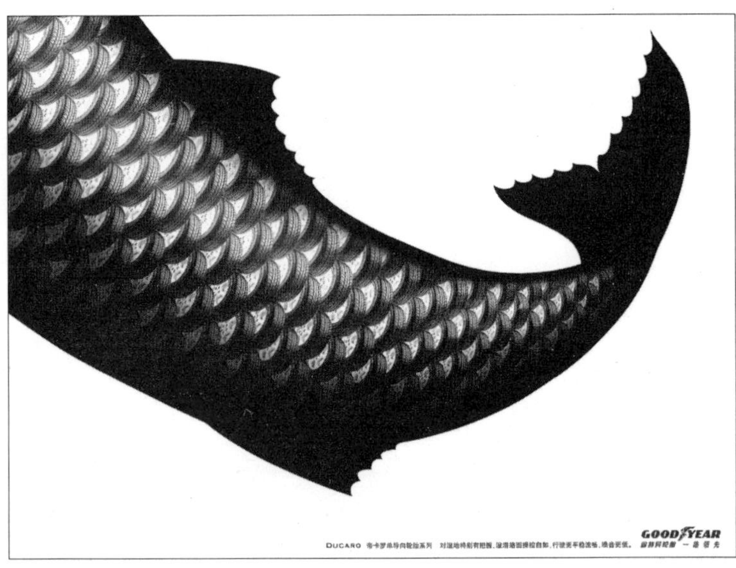

贺师洋 / 固特异轮胎 / 章鱼篇、鱼篇

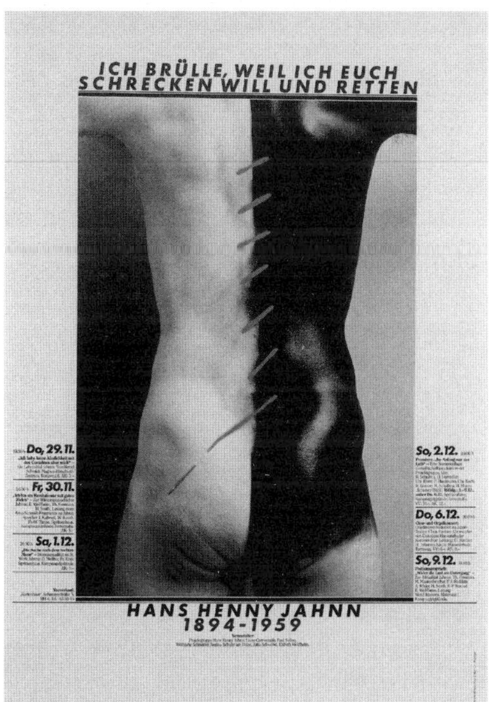

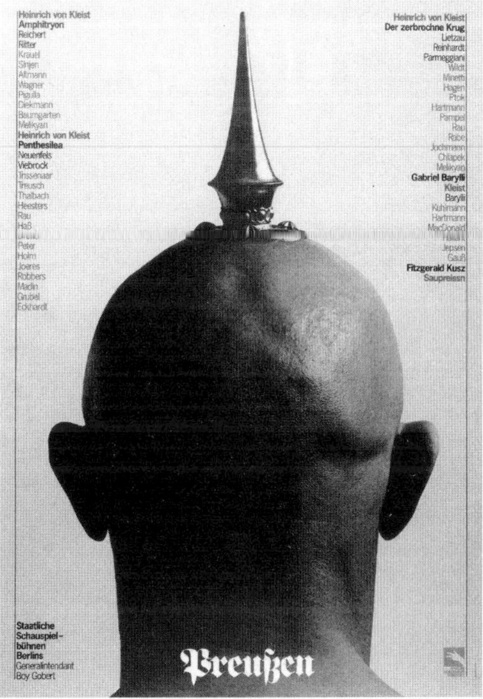

霍尔戈 · 马蒂斯 /《为了和平的艺术家》文化招贴 /1981 年

霍尔戈 · 马蒂斯 / 为出登兹 + 霍沃尔特出版社设计的招贴 / 1978 年

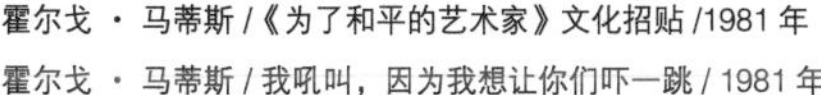

霍尔戈 · 马蒂斯 / 我吼叫，因为我想让你们吓一跳 / 1981 年

霍尔戈 · 马蒂斯 / 为德国柏林市国立剧院设计的招贴 / 1981 年

拼贴

拼贴是指将完整的摄影图片裁剪、打散，再从设计的角度进行重新组合、错叠，带来的是不稳定、错乱的强烈视觉冲击力，版面上的所有的文字信息也会依画面重构，与之形成有机的整体。

TO THE MEMBERS

WHAT A YEAR! CAN YOU IMAGINE HOW UNLIKELY, IF NOT SILLY, SOME OF 1989'S INCREDIBLE EVENTS WOULD HAVE LOOKED had they surfaced as predictions in AP's 1988 year-end wrapups?

time, AP pressed forward the top-to-bottom renewal and modernization of all news, picture, graphics and tabular services.

We tried to make you and your audiences truly eyewitnesses to history. We focus in this annual report on five AP people who played a role in that effort. We ask you to look at them for what they do, but also to look at them as representatives of the 3,000 AP people who serve you around the world.

They are AP Special

Or Mexico City newswoman Candice Hughes, who was held hostage by Panamanian military forces during the overthrow of General Noriega.

Or photographer Jeff Widener, who told the whole China story in one unforgettable frame: one man, alone, stopping that line of tanks in Beijing.

Or Warsaw Correspondent John Daniszewski, who was shot in the arm and the head in the streets of Timisoara, where he went to tell the story of the Romanian revolution.

AP's managers met the budget challenge of 1989's momentous news events. We closed the year on budget, despite an array of unforeseeable news events, with record revenue of $287.6 million. Capital spending for such projects as SelectStocks, PhotoStream, new terminals and editing systems totaled $24.5 million for the year.

Careful cost control and aggressive emphasis on developing new sources of non-traditional revenue continued to be basic to

new customized financial tables service, made its debut in 10 newspapers across the country. And it goes into more each week. We began the task of re-equipping all of our bureaus with state-of-the-art terminals and editing systems to serve you better.

In 1990, these developments and more accelerate their march into your newsrooms and ours as we work to meet the needs of a membership that has never been larger or more supportive of its news

"I can't express the impact (Jeff Widener's Tiananmen Square) picture made on me and I'm sure to a lot of other people. To me it surpassed the famous sailor kissing the young lady in Times Square at V-E Day in 1945. Oh so many questions this picture asks." – Mrs. Thelma G. Rudolph, Detroit, Mich.

The Berlin Wall would come down. Non-communist governments would replace dictatorships in Eastern Europe. Chinese democratic reform would stop dead in Tiananmen Square. An oil tanker would slip its course and spill almost 11 million gallons of crude oil into Alaska's waters. The third game of the World Series would be postponed because of an earthquake.

On behalf of its members and subscribers, AP covered all that and more in 1989. At the same

Correspondent Mort Rosenblum, who provided dramatic reporting from Romania, White House Correspondent Rita Beamish, AP Network Sports Correspondent Mike Gracia, photo enterprise editor Claudia Counts and San Juan technician Pedro Collazo.

We could have chosen many others.

For example, Vienna Bureau Chief Alison Seale, who walked with the first East German woman to come west through Checkpoint Charlie.

Or the members of our business news staff who won their second consecutive John Hancock award, for their coverage of the impact of the wave of mergers and acquisitions that raced through American industry in 1989.

It was the sort of year that produced many heroes in the world, and some within AP, too, not the least of them being Terry Anderson, who as we write marks the fifth anniversary of his captivity as a hostage in Lebanon.

the finances of the cooperative.

The conversion to 9600-word-a-minute delivery of news began with a target of mid-1990 completion. PhotoStream, our new digital picture-a-minute photo service, went live in test mode and met our high expectations. We selected the AP Leaf and AP VAX Picture Desks as the photo reception equipment that can deliver the kind of photo quality members demand for the newspapers of the '90s. SelectStocks, our

cooperative. Member cooperation and news contribution remain at the heart of the enterprise.

The industry's faith in us represents a bond we are dedicated to renewing each day. It is what makes your AP different from everyone else.

William J. Keating
Chairman

Louis D. Boccardi
President and General Manager

联系图片社简介 / Saeri Yoo Park / 2001 年

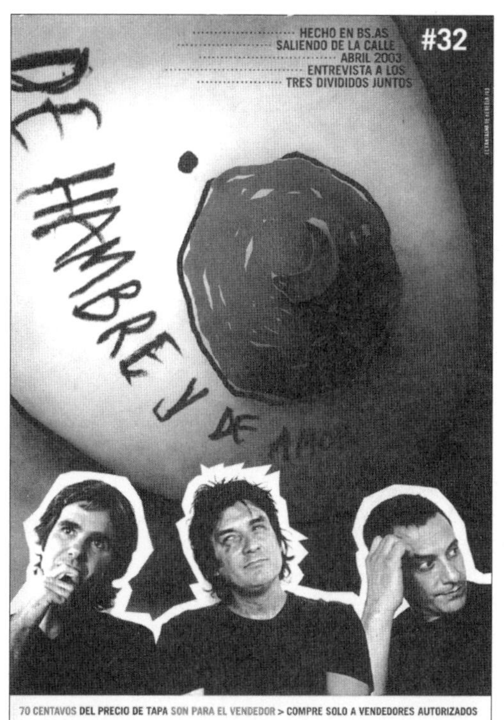

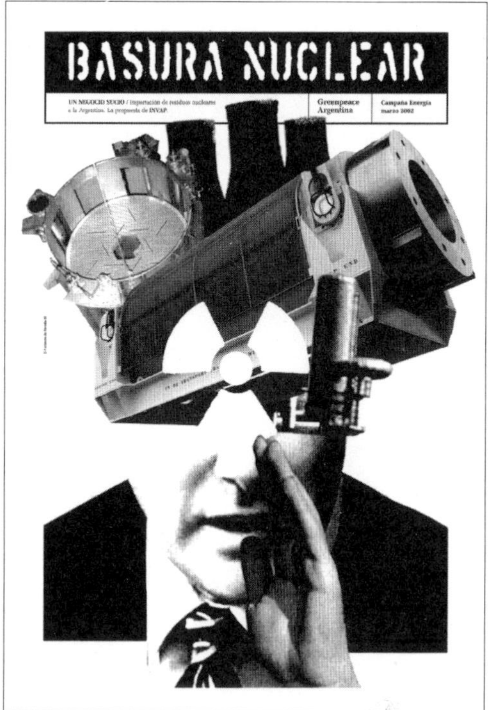

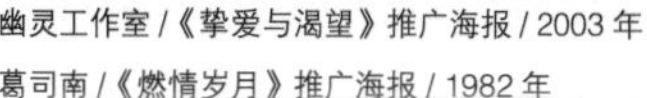

幽灵工作室 /《挚爱与渴望》推广海报 / 2003 年

葛司南 /《燃情岁月》推广海报 / 1982 年

幽灵工作室 / 核废物公益广告 / 2002 年

阿佩罗 /《与我们共度的日子，没有我们的日子》个人作品 / 2001 年

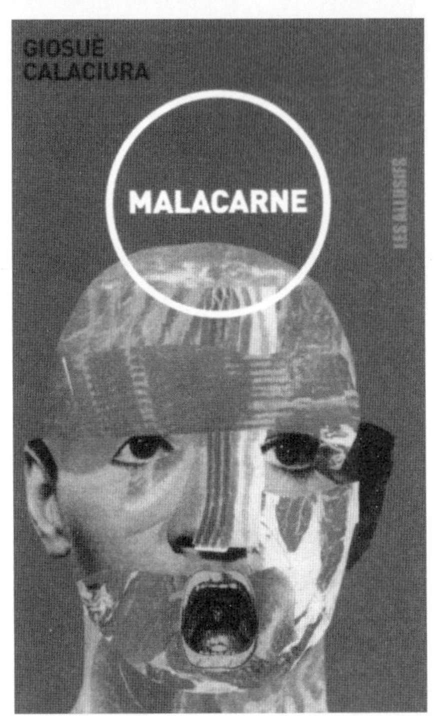

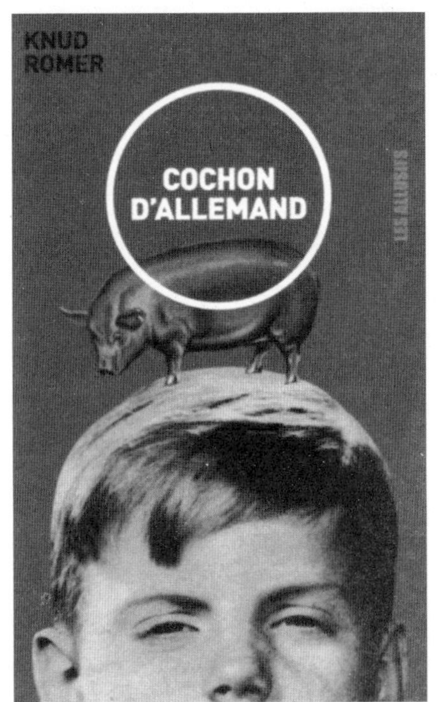

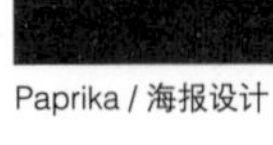

Paprika / 海报设计

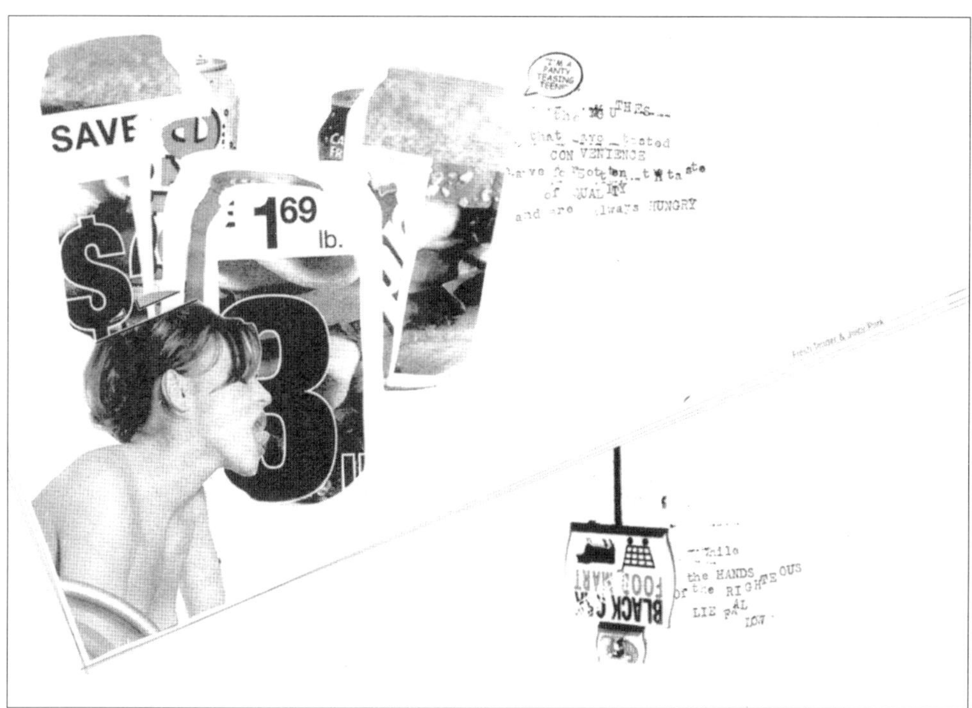

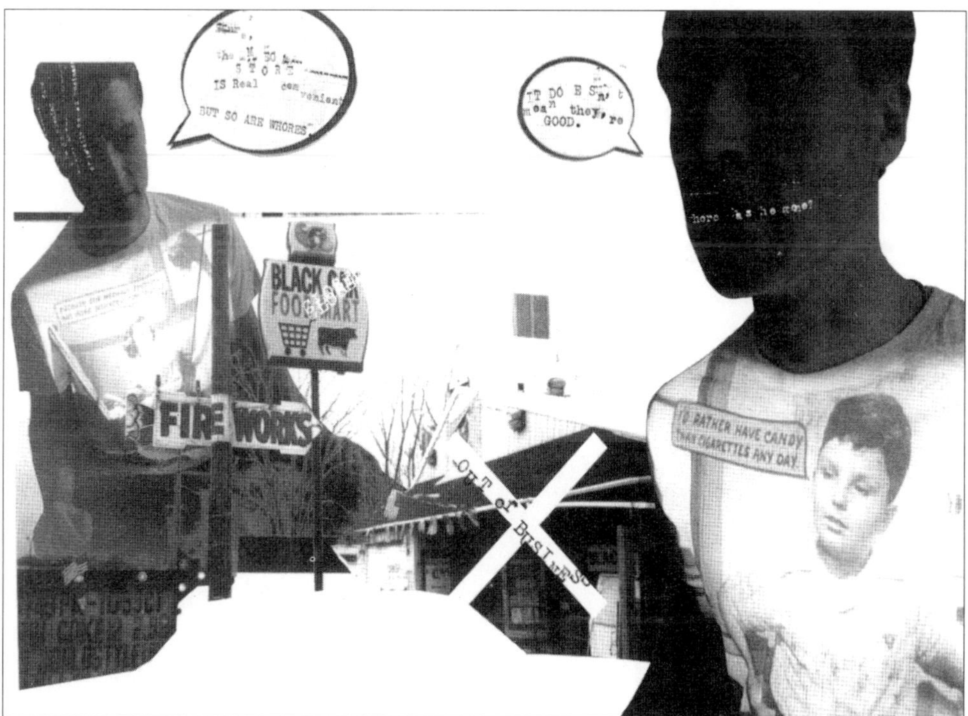

Kosta Stratigos / 杂志内页设计 /2002 年

质感、特效

田中一光 / 美国著名爵士乐演奏家ROLLINS个人演奏会节目单封面设计

对照片添加不同的质感和特效，不仅可以弥补原始素材在清晰度上的不足，同时还会引发不同的联想与情感。通过对照片手绘效果的处理，可赋予照片艺术气息和人性化特点；通过对照片破损、烧灼的效果处理，可带来颓废、陈旧之感；通过数码点阵处理，会使画面呈现科技与现代之感；通过强化照片的影像颗粒，会使画面具有如胶片记录的真实效果；而刻意强化照片的印刷网点或是制造圆点来组建画面，是受到了印刷工艺的灵感启发。

清晰的照片不一定是最好的照片，有时候，为了设计效果的需要，经常要将照片单色化、质感化，让照片有绘画插图一样的表现力。随着计算机图形软件的应用，对照片的处理有无限的可能

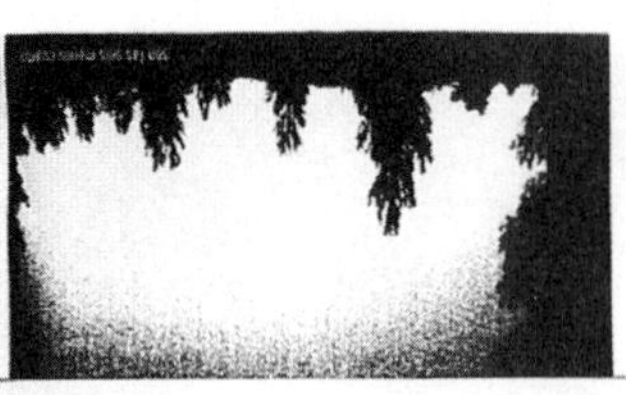

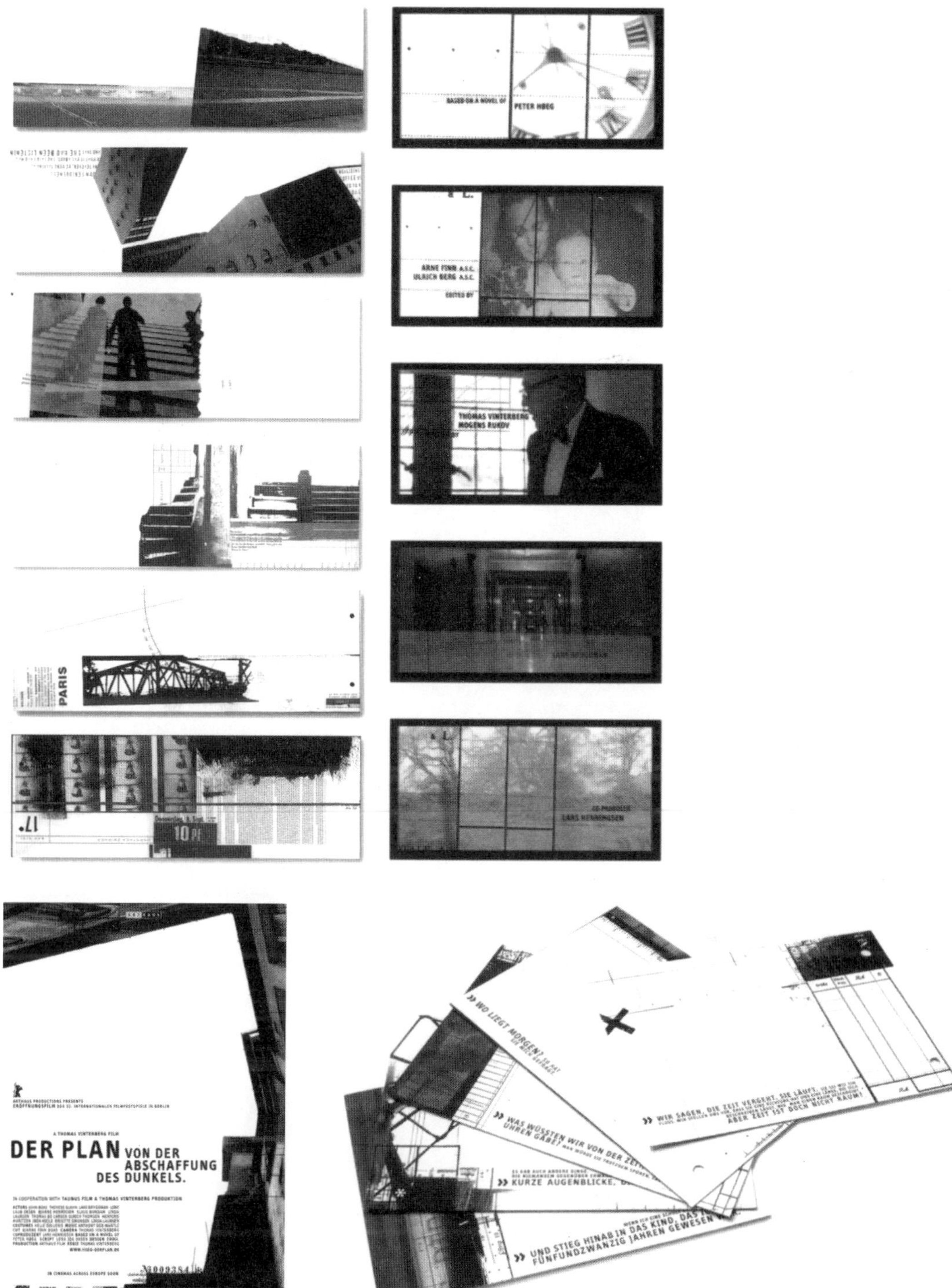

版面设计工作中，照片的质量常常不尽如人意，这时候，就需要思考如何有效地使用这些低像素或模糊的照片，裁切、拼贴、加大反差、增加颗粒等都可以创造出个性独特的影像

FIGURES DE CLAVIERS
14-15-16 décembre
les concerts de radio france
2001 2002
FIGURES POLITIQUES
23-24-25 novembre
les concerts de radio france
2001 2002
FIGURES DE FEMMES
26-27-28 avril
les concerts de radio france
2001 2002
FIGURES ANTIQUES
15-16-17 mars
les concerts de radio france
2001 2002

Anette Lenz / 为 Radio France 2000/2001 的音乐会而设计的季节性小册子

图形

这里所讲述的图形是有别于摄影的，是由专业设计师或者插图师创作绘制的一种较为传统的插图表现。在摄影技术广泛应用之前，这样的表现手法我们可以见到很多。这些图形有独特的人性化魅力和朴素的自然美，在表现特定内容时，有特殊的表现力。

五十岚威畅 / 五十岚威畅招贴展 / 1993 年

小岛良平 / LIFE 展 /1994 年

小岛良平 / 母亲湿地 /1994 年

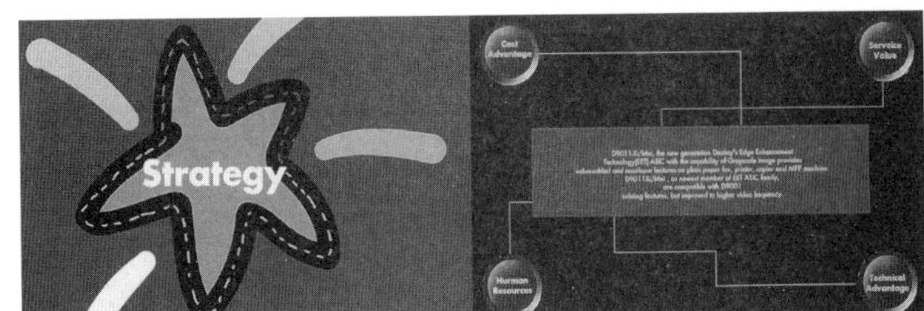

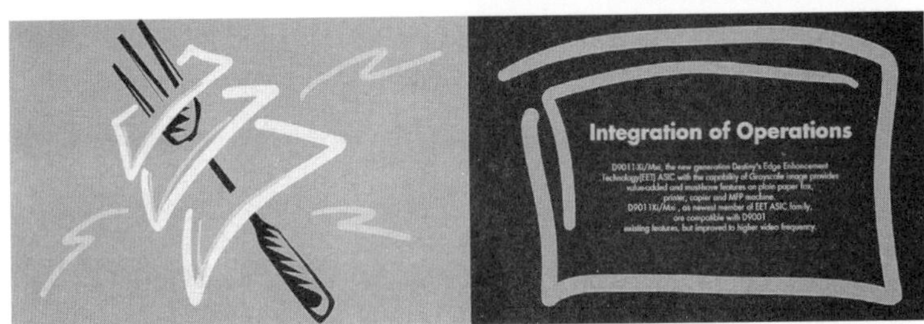

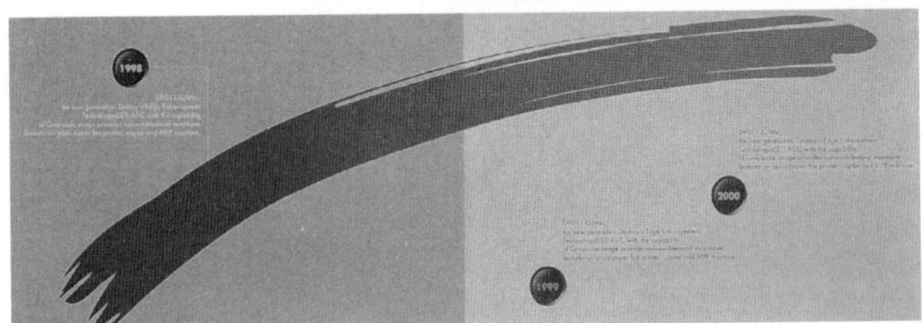

张秋惠 / 翰宇彩晶简介 / 2000 年

插图

插图是人们十分熟悉和喜爱的艺术形式，在版面设计中十分普遍。插图能够表达与摄影截然不同的感受，适合表现富有情节的内容。插图还可以表现出多元性的形象，如幻想、幽默、讽刺、装饰、象征、写实、趣味等。

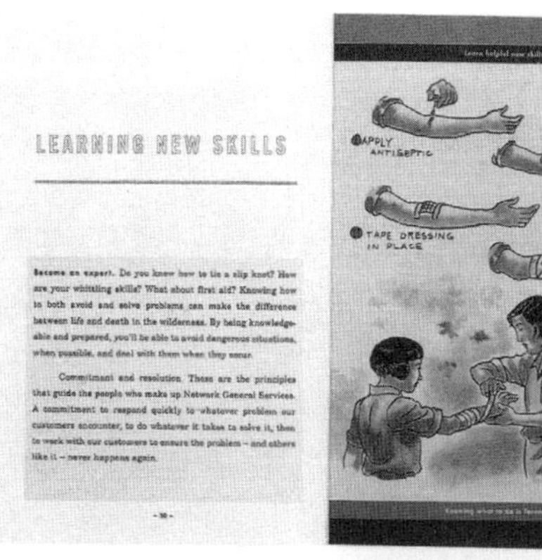

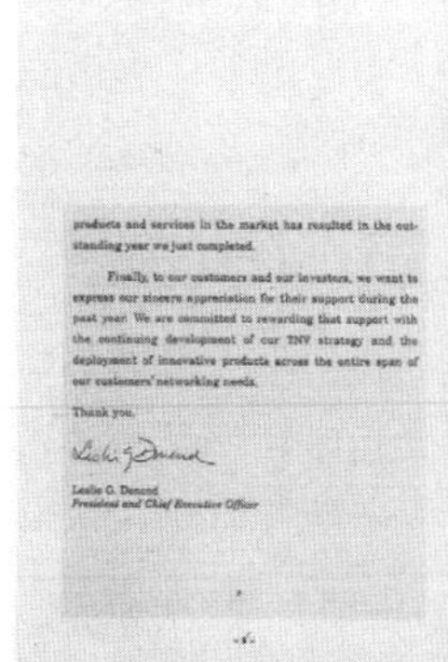

小岛良平 / 形象创意 / 东京都多摩动物园以“注意动物园的形象”为题的专题讨论会 / 1996 年

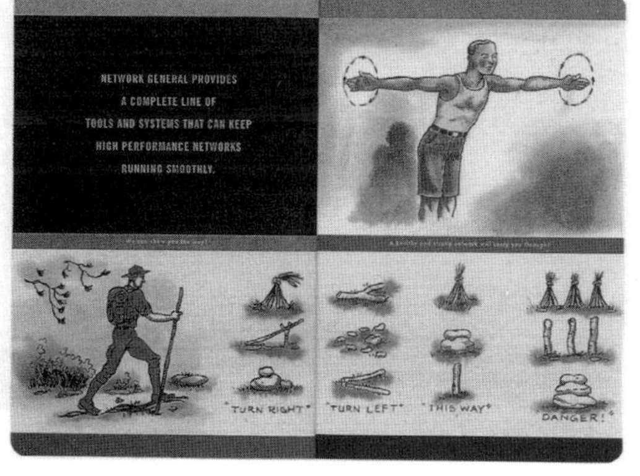

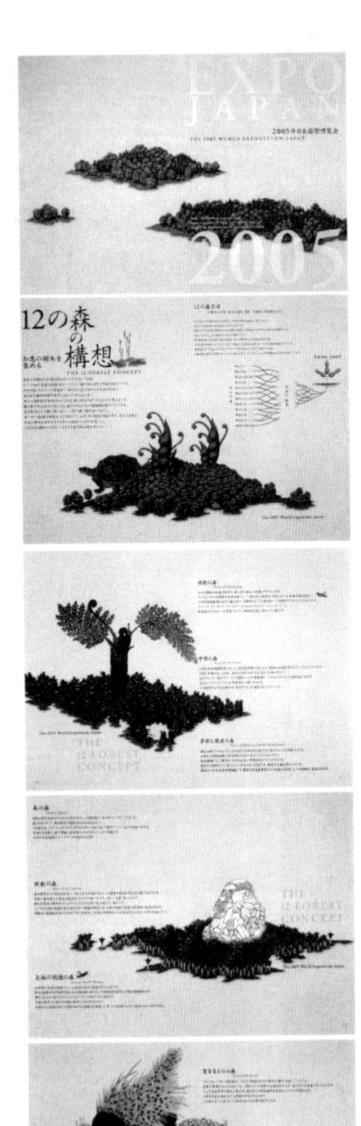

Yukie Inoue /2005 年日本世界博览会册子 / 插图更适合表现民族文化的内容，通过历史沿袭的绘画手法创造出民族风格强烈的插图 / 2005

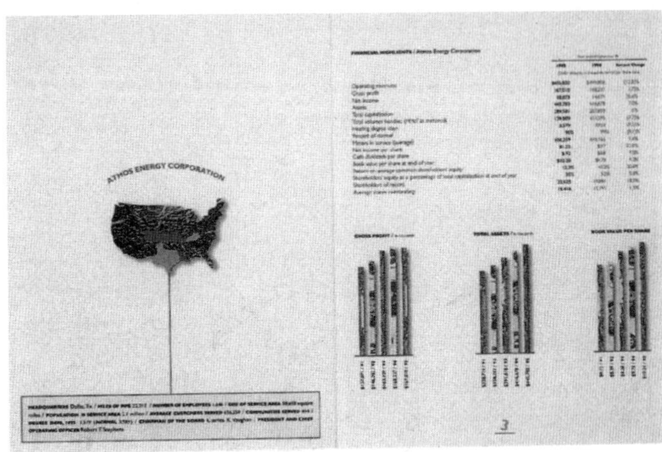

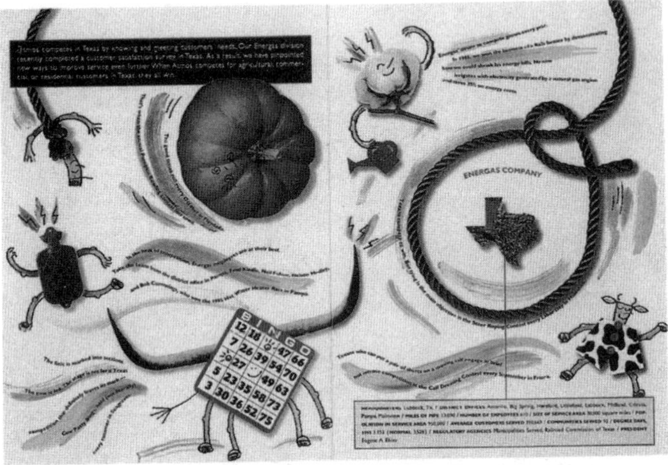

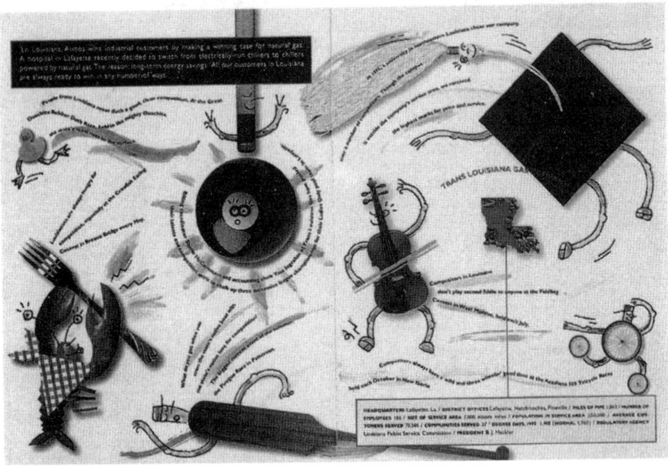

天然气公司年报 / 设计师通常只是负责版面设计、摄影的艺术指导，但是，这一领域经常需要精通设计程序的插图画家以及善于用插图艺术形式来表现的平面设计师来配合工作

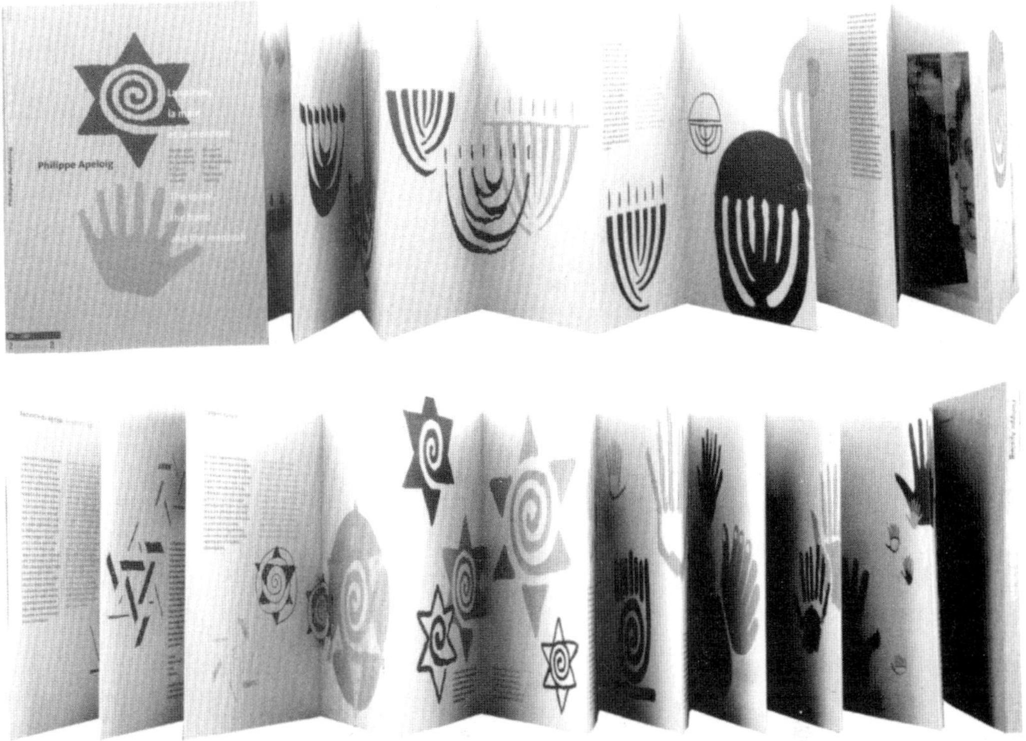

阿佩罗 /《螺旋、手掌、烛台》/ 巴黎犹太艺术历史博物馆的折叠宣传册 / 1999 年

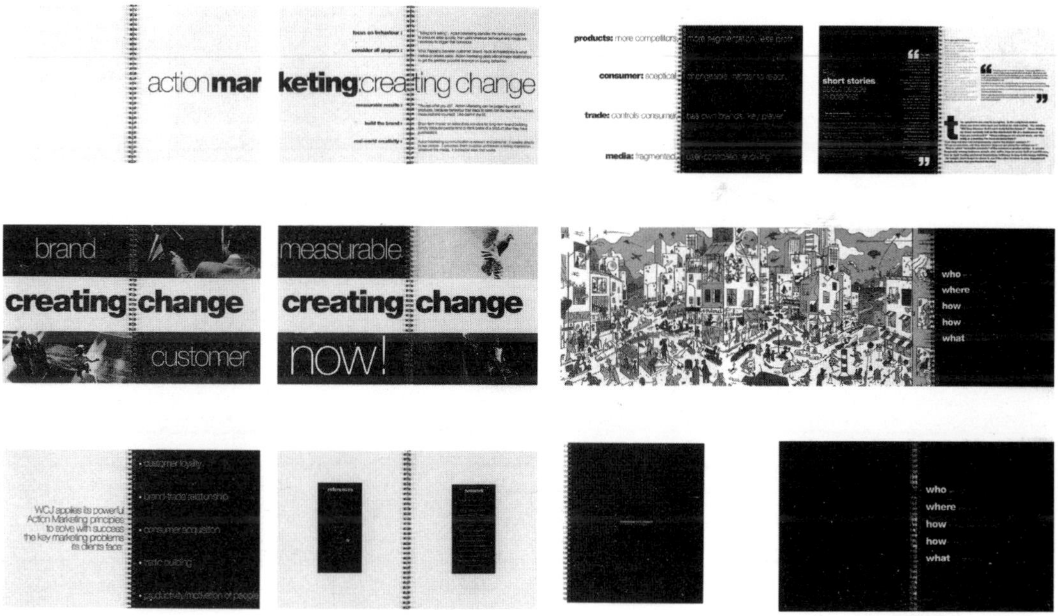

营销公司简介

卡通漫画

卡通工作室宣传手册

现代卡通漫画作为流行文化的一部分，已不分年龄、阶段和地区渗入至商业社会的各个方面。当时尚的人们对孩子气的物品趋之若鹜的时候，商家也在着力推崇这种营销砝码。现代卡通漫画呈现简单、无规则、易逝的特点：简单即去除各种繁饰，带有极简主义特点；无规则即风格多样化，极具个性，适宜不同的品牌诉求和个性化消费；易逝即像所有流行的事物一样，会风靡一时，但很快也会过时。卡通漫画这些特点恰好符合现代商业快速更替、短暂、追求个性、简单、趣味等特点。

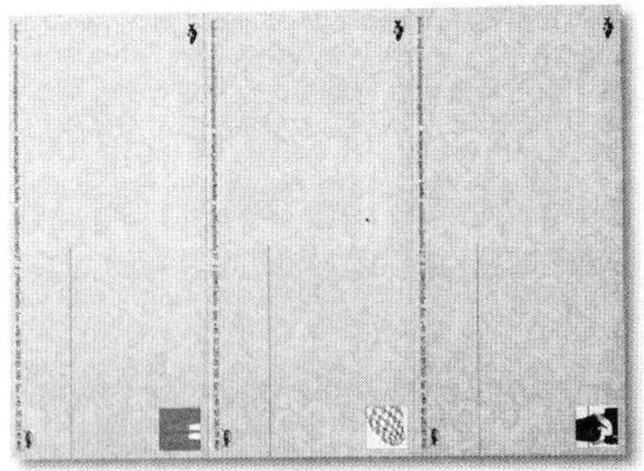

Grafik-Atelier Paula & Bent / Miriam Hanke 机构形象设计 / 2001 年

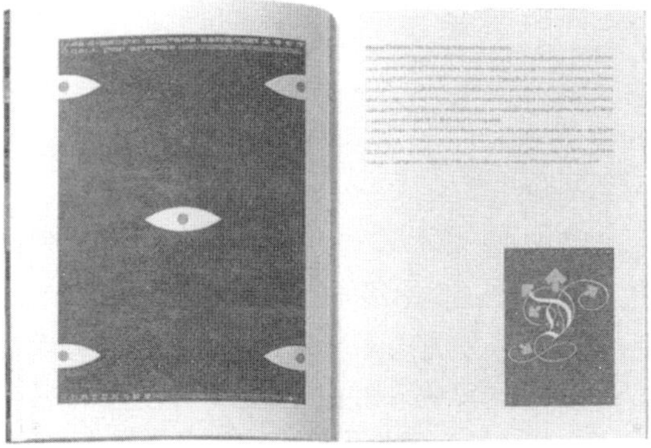

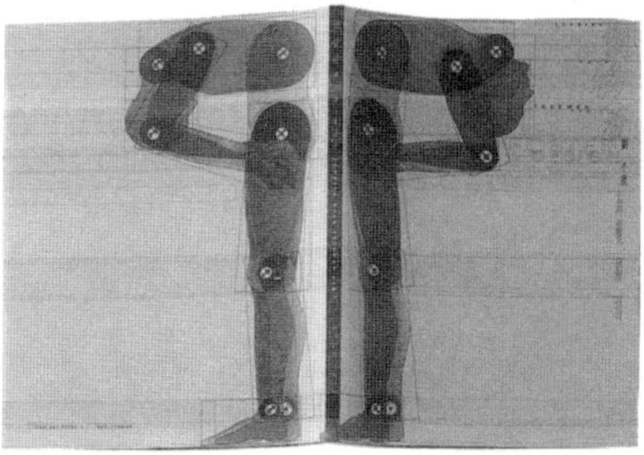

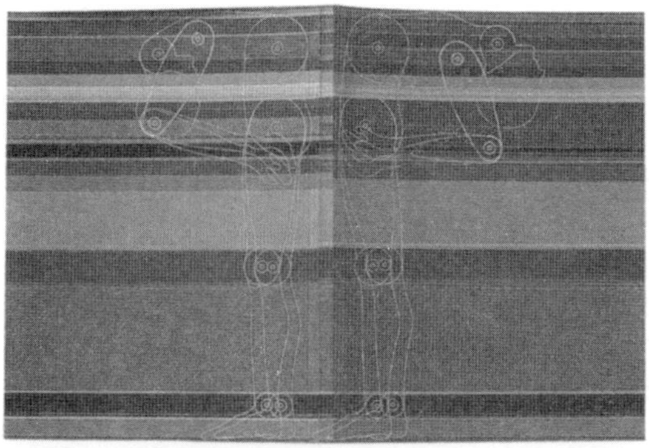

刘小康 /《倒后看》/ 封面内页设计

抽象图形

抽象图形就是将自然形象进行概括、提炼、简化而得到的形态，分为无机形态和有机形态两种类型，它们既可在形式上作为版面构成的重要元素，又可在传达功能上对信息进行有效的划分，建立阅读的层次感，所以抽象图形在现代版面设计中使用十分普遍。抽象图形的无机形态比较理性，多以几何线形为内容，如圆、方、三角、点、直线、折线等。形象简洁而有秩序。有机形态比较自由、活泼而富有弹性，其构成大多采用曲线组合，也有不规则的偶发形态，如云纹、水纹、墨迹等。抽象图形的使用必须符合内容、主题，与主题无关、牵强的形式只能误导读者，削弱传播力。

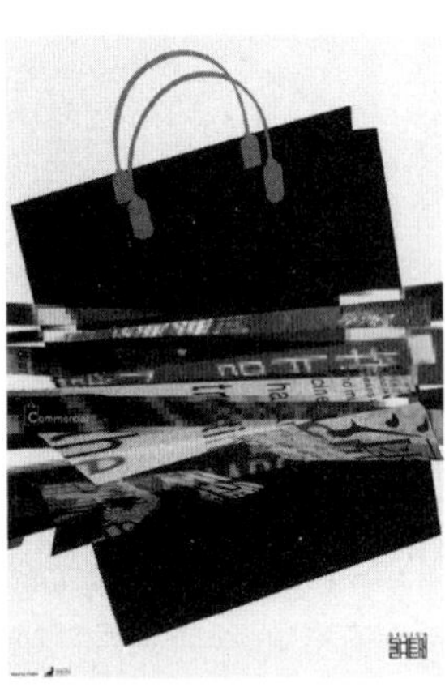

毕学峰 / 设计深圳

瑟菲斯工作室 / 法兰克福艺术博览会

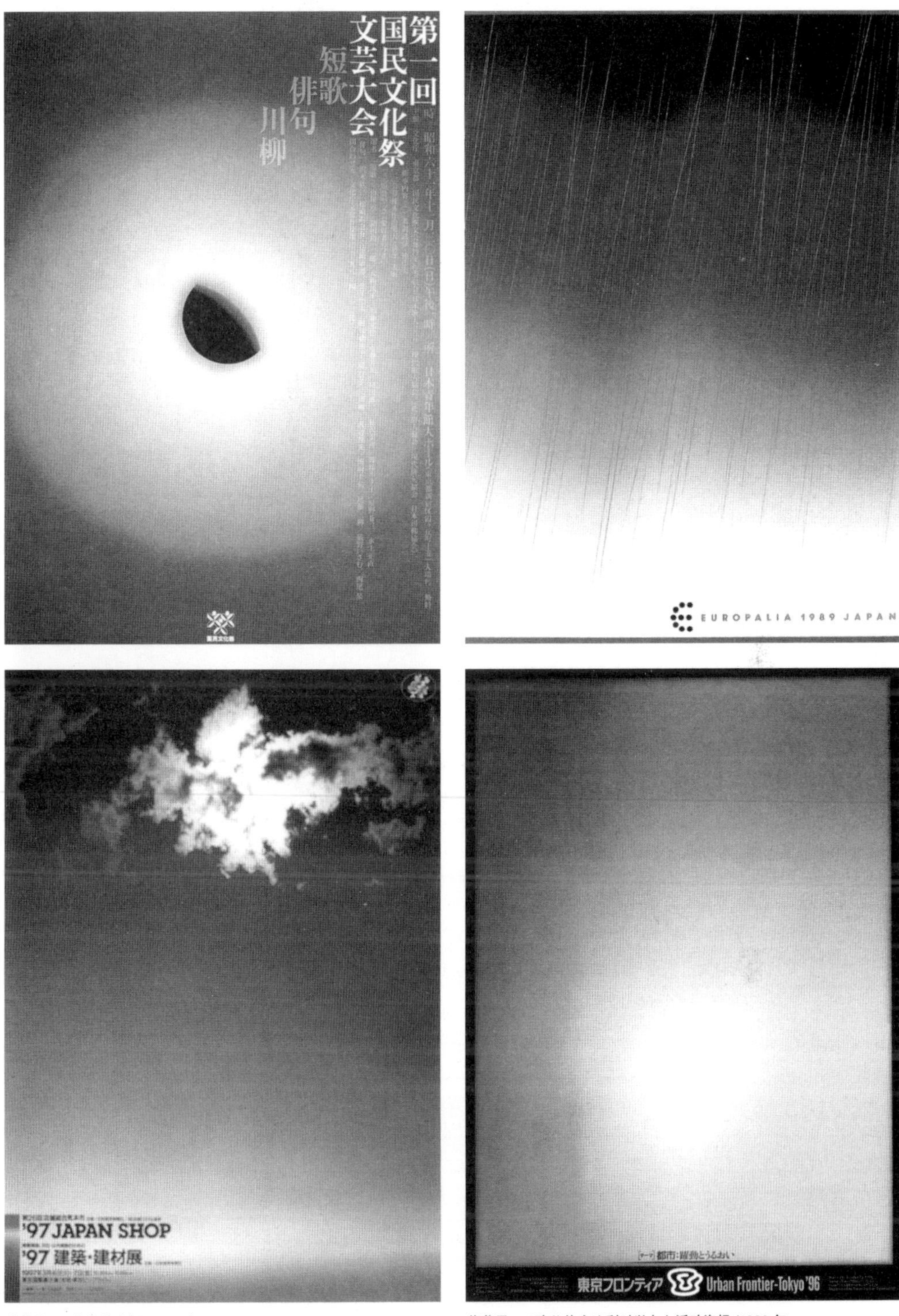

佐藤晃一 / 文化节海报 /1986 年

佐藤晃一 / 欧共体在比利时举办之活动海报 /1989 年

佐藤晃一 / 商店及建筑、建材展海报 /1996 年

佐藤晃一 / 第五届小泉国际学生照明设计竞赛海报 /1992 年

图文关系

图像和文字既有视觉形式，也有内涵，两者的平衡取决于设计师。文字可以被当做图形来欣赏，图像也可以被当做文字来阅读。版面设计要合理摆放图文的位置、大小、风格化的处理，并选用适当的媒介使作品的信息传达最大化。通过创造性地运用图文并置和各种视觉修辞技巧，可以创造出一种情境，将图和文的含义融合到一起，并超越它们原有的内涵。

图文并置

图和文通常是并置或交叠关系，所有视觉元素处在与画面平行的不同层面上。在这种情况下，文和图是分开的，文字可以在图中，读者的眼睛在图和文之间来回跳动，读图的同时也在读文。

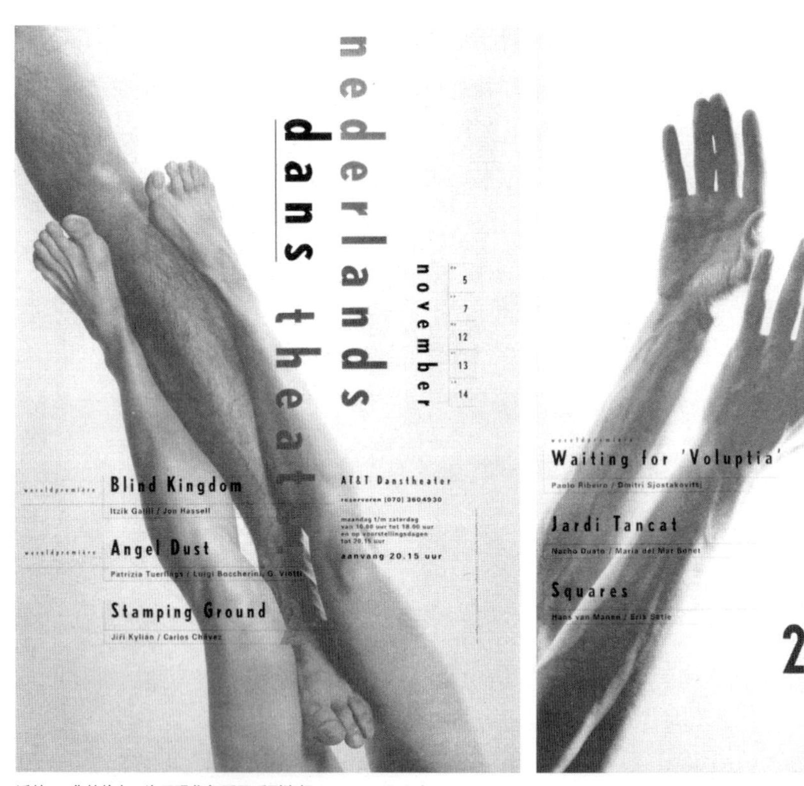

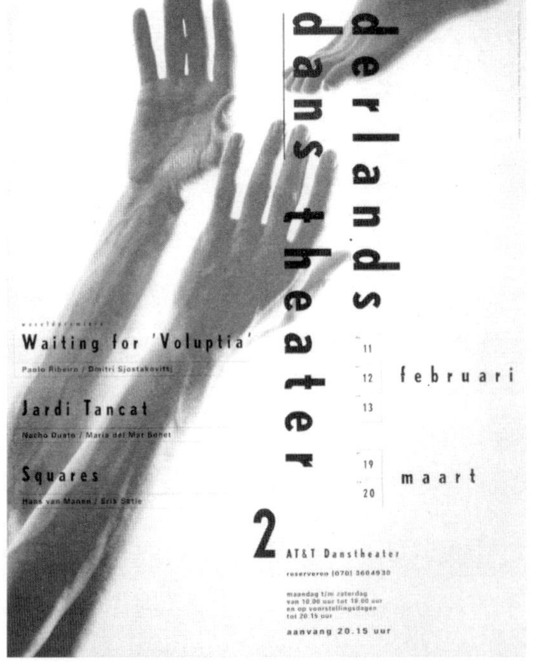

沃特 · 弗林格尔 / 海牙现代舞蹈团系列海报 /1992～1993 年

0 FOR 4, I GO TO THE CAGE 4 FOR 4, I GO TO THE CAGE IN A BETTER MOOD

BASEBALL LIKE IT OUGHTA BE St Louis Cardinals

IT ONLY TAKES ONE SWING TO GET A HIT. IT TAKES 300 A DAY TO GET AN AT BAT.

BASEBALL LIKE IT OUGHTA BE St Louis Cardinals

迈克 · 富兰克林 / 棒球比赛海报 / 文字排列简单而有力，极富感染效果

赫里伯特 · 本巴克 / “不孵蛋”海报

Fête du Livre

Le Regard de Toni Morrison

18-21 octobre 2001 Cité du Livre Aix-en-Provence

阿佩罗 /《TONI MORRISON 之凝望》/ 法国艾克斯－普罗旺斯年度文学节招贴 / 2001 年

文字服从图形

在版面之中，当图形成为创意和视觉的主要中心时，文字就要围绕图形编排，而不能与之发生视觉上的冲突。文字编排时，要善于与图形的动势保持一致，来符合版面的视觉流程，或与图形形成呼应，像锚一样起着稳定构图的作用。

卡琳方 / “Wireless”，电视广告 / 文字依照图形的边缘和动态精心排列 / 2001 年

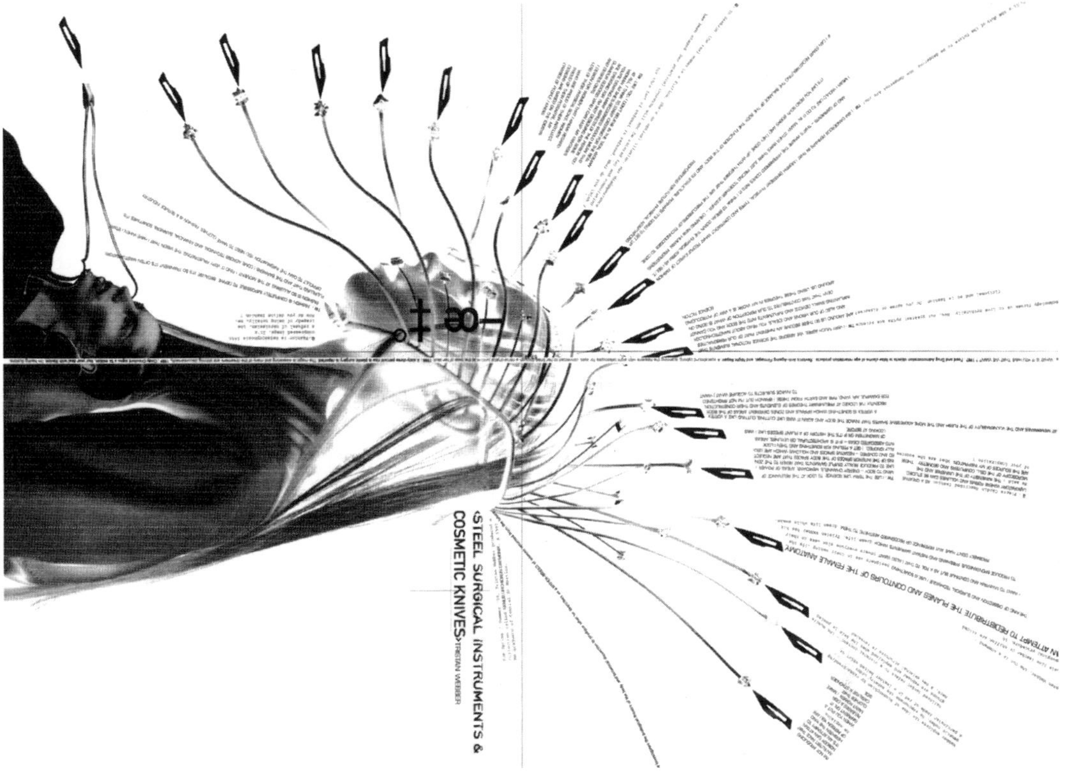

在此作品中，文字的排列和动态都是跟图形紧密呼应的，是图形的一个延续，文字已经成为图形不可分割的一部分

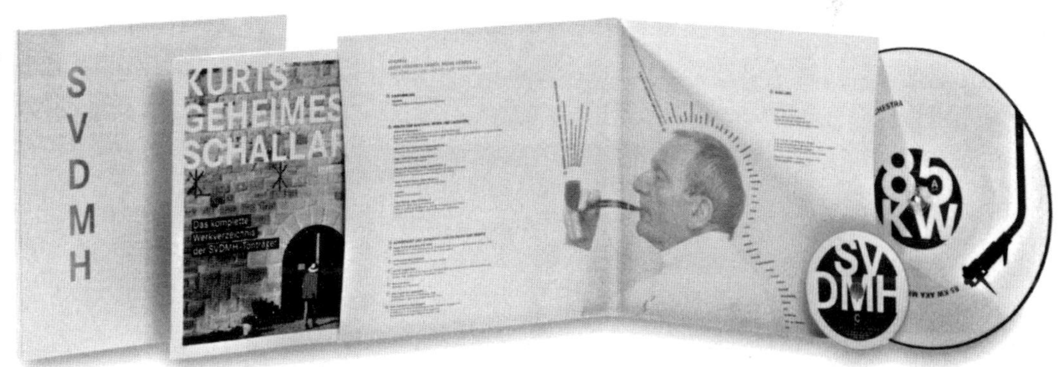

Pia Bardesono / 文字围绕人像进行排列，同时也延展了图形的意义

KOMMT DOCH HER,
WENN IHR EUCH TRAUT!!
FEIGLINGE
BLEIBEN AM 30 JANUAR 04 DAHEIM
..DIE ANDEREN KOMMEN
IN DIE
HICKMANNKLASSE
ZUM
TURNIER
FÜR
ANGEWANDTEN
FUSSBALL
ANPFIFF UM 13 UHR
"SIEGEREHRUNG" UND PARTY UM 21 UHR

SCHEISST EUCH
SCHON EIN, WAS?
IST JA KLAR!
TURNIER
FÜR ANGEWANDTEN
FUSSBALL
"SIEGEREHRUNG" UND PARTY UM 21 UHR
ANPFIFF UM 13 UHR
IM STADION
HICKMANN

薛博兰 / 大众剧院戏剧海报 /1997 年

图文融合

图形和文字经常融合为一体，文字也成为图形的一部分，成为版面中重要的视觉元素。在这样的版面中，图形要结合文字的笔画特征灵活处理，文字也要适应图形的形态和质感，它们之间的大小比例、动态关系要相互呼应，以达到完美的结合。

索诺里 / 为佩扎罗市创作的文化海报

索诺里 / 为佩扎罗非赢利组织基金创作的文化海报

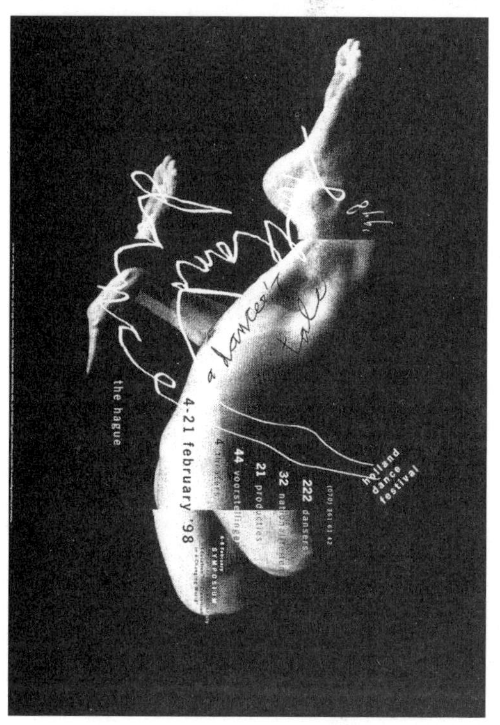

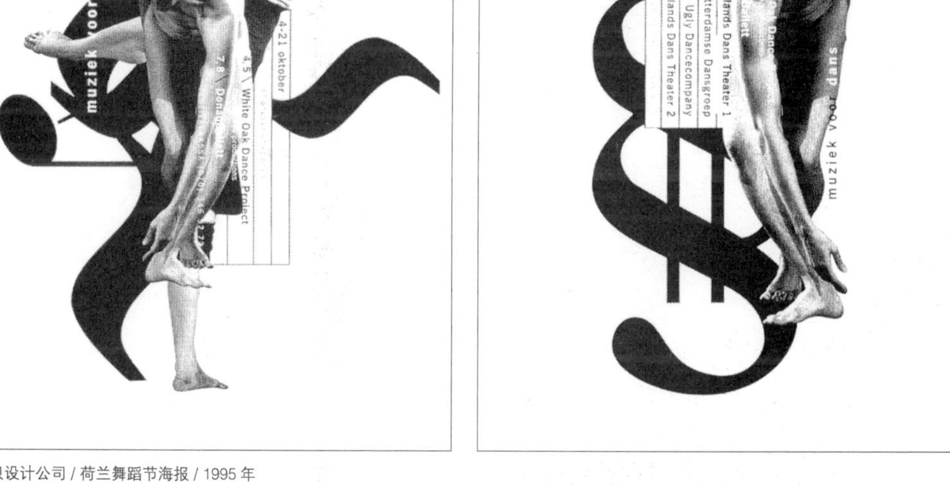

登贝设计公司 / 荷兰舞蹈节海报 / 1995 年

版面设计原理

斯考路丝、威戴尔 / 美国 / 铅字招贴 / 作者用众多的几何形来表现产品的科技感 /1987 年

版面设计充满挑战，创作出既符合设计师自己的艺术风格和精神需要、又要满足市场需求的作品是一项挑战，也使设计工作充满乐趣。平面设计师像艺术家一样，以符合自己的审美标准和自我满足的方式来表达自己的观点。然而，由于平面设计是视觉传达，所以，设计师必须遵守客户的合理要求和目标。为了达到信息的有效传达，设计师必须多才多艺，熟知设计的原理，并擅长运用高超的视觉语言来阐述自己的观点。如果设计师既投入了热情，又运用了聪明才智，那么设计出来的作品将既具有独特的观点，又具有鲜明的态度。

对于版面设计来讲，熟知并理解设计的原则是必要的：

■ 思想性与单一性

版面设计本身并不是目的，设计是为了更好地传播客户信息的手段。一个成功的版面设计,首先必须明确客户的目的,并深入了解、观察、研究与设计相关的方方面面。版面离不开内容，更要体现内容的主题思想，用以增强读者的注意力和理解力。只有做到主题鲜明、内容清晰，才能达到版面设计的最终目标。

■ 艺术性与审美情趣

为了使版面设计更好地为版面内容服务，寻求合乎情理的版面视觉语言则显得非常重要。构思立意是设计的第一步，也是设计作品中所进行的思维活动。主题鲜明的版面布局和表现形式等则成为版面设计的艺术核心，这也是一个艰辛的创作过程。怎样才能达到有创意、形式美、变化又统一，具有审美情趣，这就取决于设计者自身的文化内涵和不断的学习过程。

■ 趣味性与独创性

版面设计中的趣味性，主要是指形式上的情趣。如果版面本无多少精彩的内容，就要在创作中运用艺术手段，使版面增加趣味性，从而更吸引人、打动人。趣味性可采用寓意、幽默和抒情等表现手法来实现。独创性实质上是突出个性化特征的原则。鲜明的个性，是版面设计的创意灵魂。要善于思考，敢于别出心裁、独树一帜，在版面设计中多一些个性而少一些平庸，才能赢得读者的青睐。

整体性与协调性

版面设计是传播信息的桥梁，所追求的完美形式必须符合主题的思想内容，这是版面设计的根基。只有把形式和内容完美地统一，强化整体布局，才能取得独特的社会和艺术价值，才能解决设计应说什么、对谁说和怎么说的问题。强化版面的协调性，也就是强化版面各种要素在版面结构以及色彩上的关联性。通过版面图文间的整体组合与协调编排，使版面具有秩序美、条理清晰，从而获得良好的传播效果。

摩登狗设计公司 / 纳什维尔创意论坛广告 / 简单质朴常常能打动挑剔的观者。纳什维尔创意论坛举行之际，摩登狗特约其旗下的科斯拉作公司的形象设计。此前她十分欣赏 20 世纪 50 年代的字体设计图案，并在该广告画中再现了这一图案。手绘字母上涂有无景深的块状色彩。不仅字面上体现了时尚，整个设计也尽显现代风格

版面元素的视觉流程

尤里 · 苏尔科夫 / AGI “世界平面日”明信片

视觉流程的形成是由人类的视觉特性所决定的。因为人眼晶体结构的生理构造，只能产生一个焦点，而不能同时把视线停留在两处或两处以上的地方。人们在阅读一种信息时，视觉总有一种自然的流动习惯，先看什么，后看什么，再看什么。视觉流程往往会体现出比较明显的方向感，它无形中形成一种脉络，似乎有一条线、一股气贯穿其中，使整个版面的运动趋势有一个主旋律。心理学的研究表明，在一个平面上，上半部让人轻松和自在，下半部则让人稳定和压抑。同样，平面的左半部让人轻松和自在，右半部让人稳定和压抑。所以平面的视觉影响力上方强于下方，左侧强于右侧。这样，平面的上部和中上部被称为“最佳视域”，也就是最优选的地方。

在版面设计中一些突出的信息，如标题、核心内容等通常都放在这个位置。当然视觉流程是一种感觉而非确切的数学公式，只要符合人们认识过程的心理顺序和思维发展的逻辑顺序，就可以更为灵活地运用。在版面设计中，灵活而合理地运用视觉流程和最佳视域，组织好自然流畅的视觉导向，直接影响到传播者传达信息的准确与有效性。所以在信息元素的编辑中，视觉导向是一个要点。版面设计首先要立足信息的传达，又要符合人们较为普遍的思维习惯，做到视觉流程自然、合理、畅快。

王俊 / 跨越 05’ 海报 / 2005 年

单向视觉流程

单向视觉流程使版面的导向简洁明了，通过水平或垂直方向的引导，直接诉求主题内容。

其表现为三种方向关系：

竖向视觉流程——坚定、直观的感觉。

横向视觉流程——给人稳定、恬静之感。

斜向视觉流程——以不稳定的动态引起读者注意。

黑格曼 / 为德国杜塞尔多夫设计的音乐活动海报

Vince Frost / 海报设计 / 2000 年

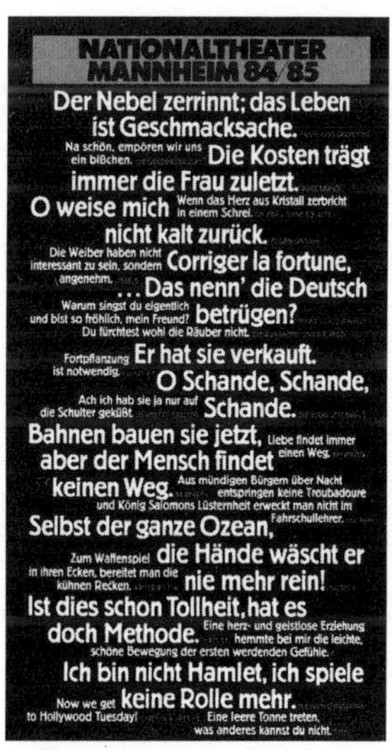

葛司南 / 标题

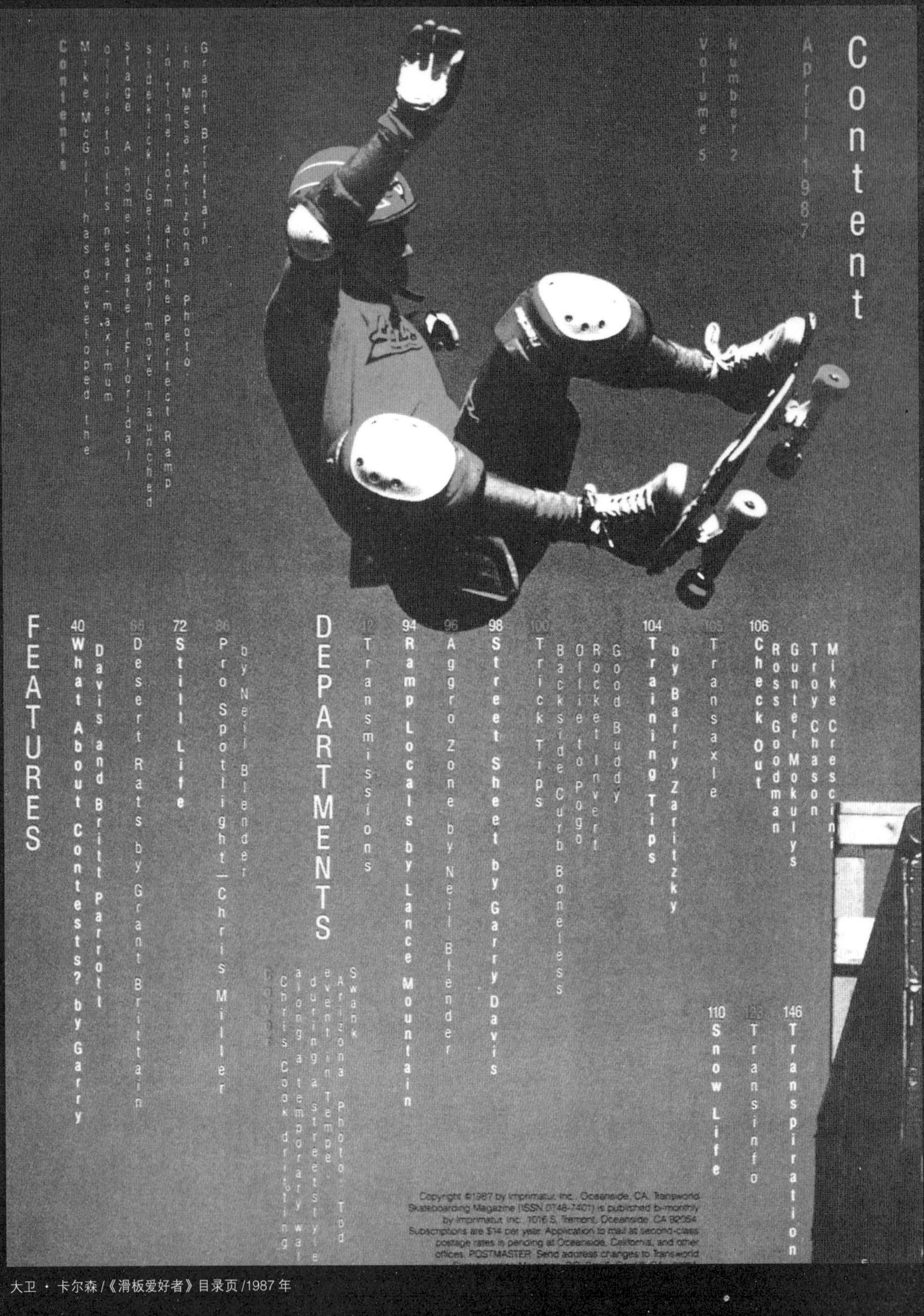

C o n t e n t

April 1987
Number 2
Volume 5

Contents
Mike McGill has developed the ollie to its near-maximum stage. A home-state (Florida) sidekick (Geitand) move launched in time, form at the Perfect Ramp in Mesa, Arizona. Photo: Grant Brittain

Cover
Chris Cook drifting along a temporary wal[l] during a streetstyle event in Tempe Arizona. Photo: Tod Swank

大卫・卡尔森/《滑板爱好者》目录页/1987年

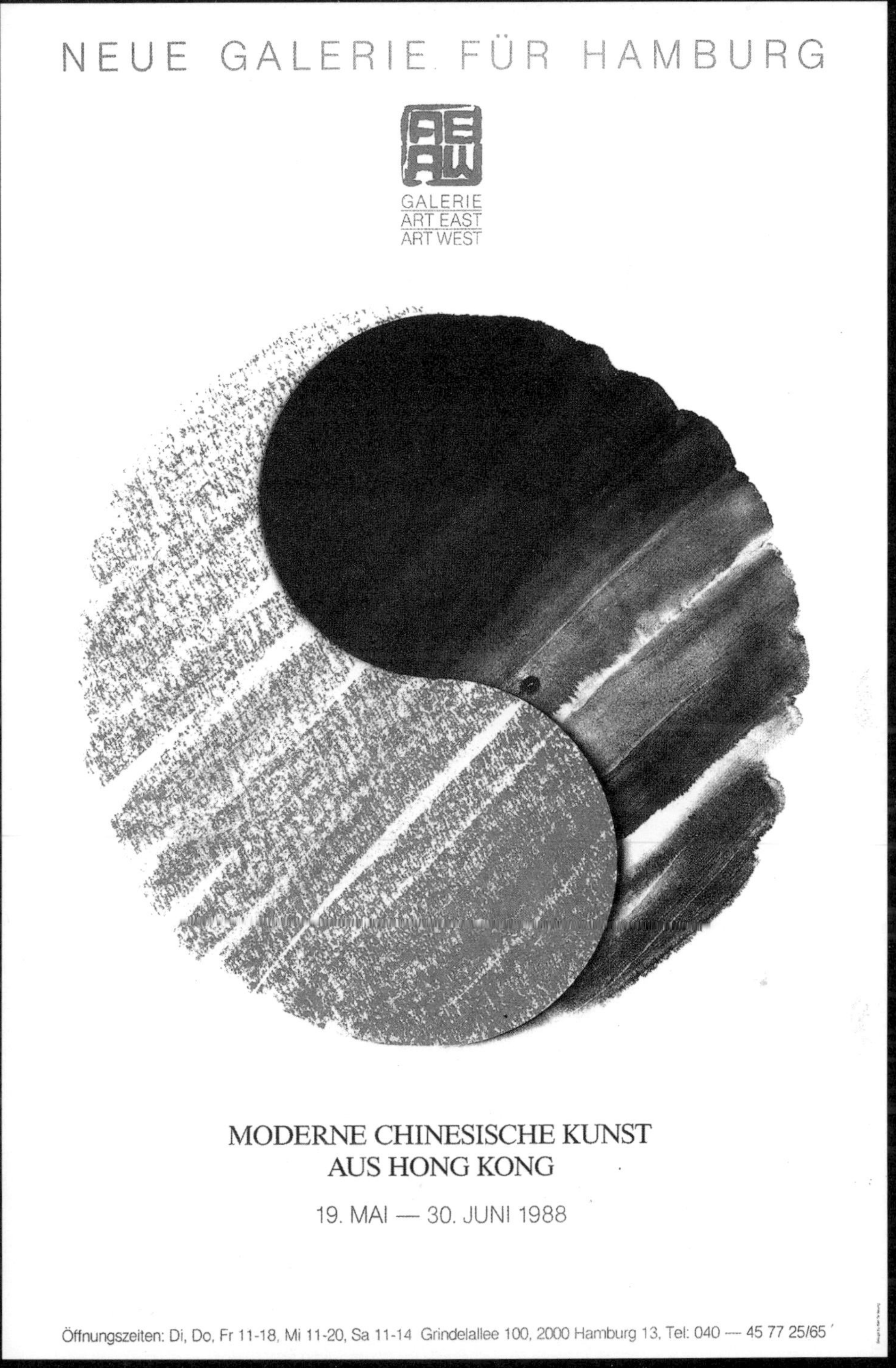
NEUE GALERIE FÜR HAMBURG
GALERIE
ART EAST
ART WEST
MODERNE CHINESISCHE KUNST
AUS HONG KONG
19. MAI — 30. JUNI 1988
Öffnungszeiten: Di, Do, Fr 11-18, Mi 11-20, Sa 11-14 Grindelallee 100, 2000 Hamburg 13, Tel: 040 — 45 77 25/65

靳埭强 / 在汉堡举行的香港现代中国艺术家联盟

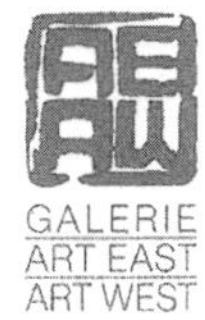

曲线视觉流程

曲线视觉流程能使构图变得更丰富，形式感更强，例如圆形或弧线形，给人以节奏韵律、幽雅柔美的感受，营造轻松随意的阅读气氛。

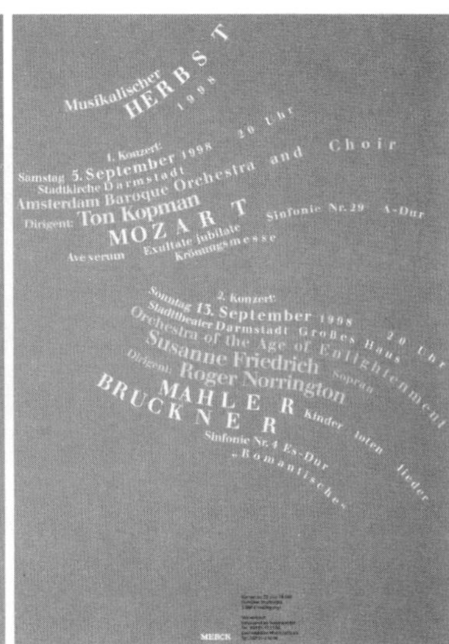

葛司南 /《音乐的秋季 1998》推广海报 / 1998 年

惕思 /《MERCE CUNNINGHAM》舞蹈海报 /1996 年

葛司南 /《教会日文化》/ 为法兰克福市举办的天主教会日所做 / 2001 年

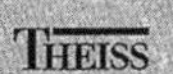

Daniel Wiesmann / 一本关于南德文化的展览海报 / 2003 年

导向性视觉流程

通过诱导元素，主动引导读者视线向一定方向的顺序运动，由主及次，把版面各构成元素串联起来形成一个整体，使重点突出，条理清晰，发挥最大的信息传达功能。版面中的导向形式多样，有虚有实，有直接的形象表现，也有间接的心理暗示。

黑格曼 / 年轻人和社会 / 为德国杜塞尔多夫信义会的一个周期活动设计的系列海报 / 2003 年

Jeff Kleinsmith / 海报设计 / 2000 年

霍尔戈 · 马蒂斯 / 为德国居特斯洛市文化局设计的招贴 / 1992 年

散点视觉流程

散点视觉流程是指图与图、图与文之间呈自由分散的排列，呈现出感性、无序、个性的形式。这样的阅读过程常给人以活跃、自在、生动有趣的视觉体验。

小岛良平 / 以伊士丹商研究所的 ID 研究室为中心开发的厨房用品的广告

平野敬子 / 小池健二 CD 推广设计 / 1997 年

霍尔戈 · 马蒂斯 /《致宽容者、谨慎者》/ 1984 年

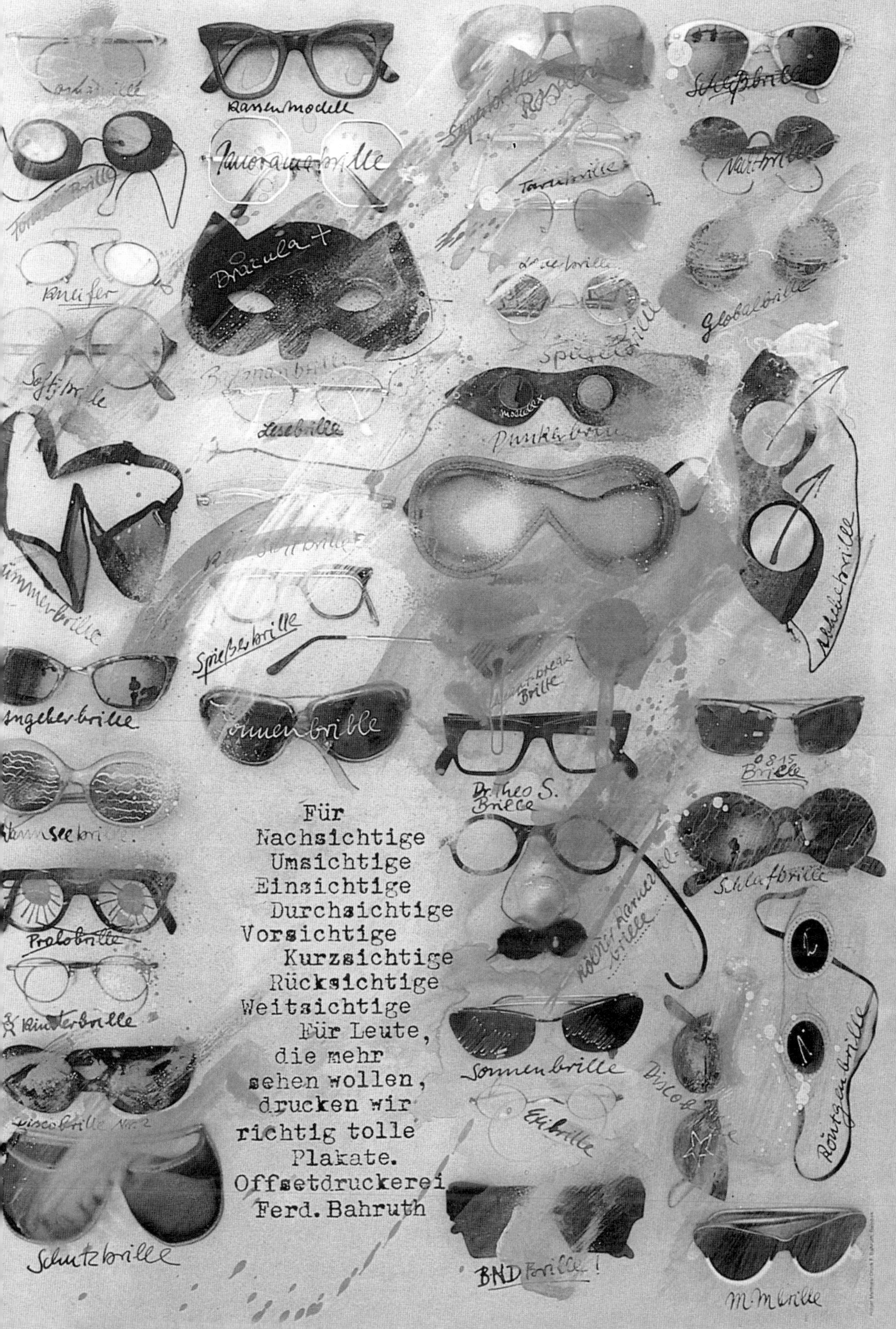
Kassenmodell
Dracula +
Lesebrille
Spießerbrille
Sonnenbrille
Dr. Theo S. Brille
0815 Brille
Schlafbrille
Globalbrille
Röntgenbrille
Sonnenbrille
Schutzbrille
BND Brille!
Für
Nachsichtige
Umsichtige
Einsichtige
Durchsichtige
Vorsichtige
Kurzsichtige
Rücksichtige
Weitsichtige
Für Leute,
die mehr
sehen wollen,
drucken wir
richtig tolle
Plakate.
Offsetdruckerei
Ferd. Bahruth

繁与简

田中一光 / 日本舞蹈

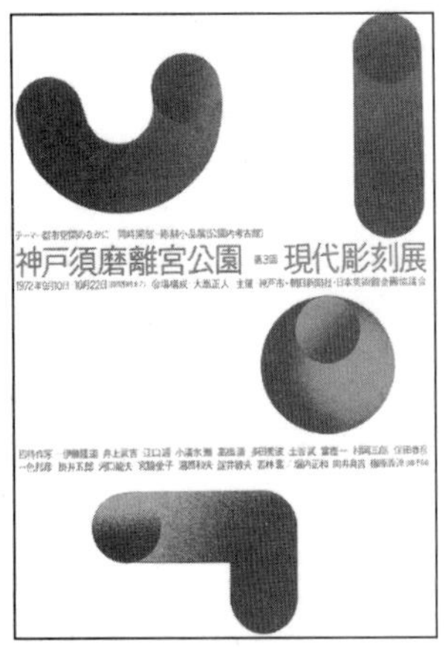

田中一光 / 神户现代雕塑展

版面设计中应该用“加法”还是“减法”？有人说：“减法”就是提炼与概括，反映了设计思维的本质；而“加法”比如造成视觉要素的繁杂，不符合设计的规律。也有人说：“减法”太简单，设计的作品不耐看；而“加法”就是通过视觉诸要素的组合造成形式意味，来增强版面的艺术魅力。

只要稍微留意一下设计发展史就会发现，“繁”与“简”两个不同风格的存在，往往反映了一定社会、一定历史时期的审美心态。两者的形成与变迁，总是随着社会的经济、政治、文化背景的变化而变化，都是一定社会的文化现象。

设计中的“繁”、“简”与社会审美心态关系密切，但任何一个社会的审美心态都不是单一的，而是呈现出多样性。同一时期，设计风格的“繁”与“简”是可以并存的，当今社会，经济的发展带来了人民物质生活和精神生活的空前丰富，人们的审美需求也就更加多样化了。要强调的是，社会越是现代化，人们的审美趣味就越呈现多样化的趋势。

目前，众多的优秀版面作品，确实繁简风格有异，风格走向也大不相同。但是我们在欣赏这些不同风格的作品时就会发现，无论是“减法”风格还是“加法”风格，在一件作品中都渗透了两种设计思维的互补与相融。用“减法”的设计师并没有忘记在那简洁明快的设计语言中追求视觉的丰富性；以“加法”设计的版面，也总是在繁复变幻的视觉要素里酿造视觉的统一。由此可见，两种设计思维虽然相异，表达出的形式意味也大不相同，但都为版面设计注入美的灵魂。

如今，关于“加法”、“减法”的争论，不是设计方法的争论，而是风格流派的争论，反映了两种个性鲜明的风格取向。

日本设计家杉浦康平的设计可谓“加法”的典型，他的设计总是诸多设计元素相加，精心雕琢出繁复的视觉效果，充满东方韵味。与杉浦康平相反，田中一光的作品，形与色高度概括，简练而单纯的色块排列得像交响乐一样震撼人心，可以认作“减法”的代表。这两种截然相反的风格，以其鲜明的个性在设计界都得到了肯定。

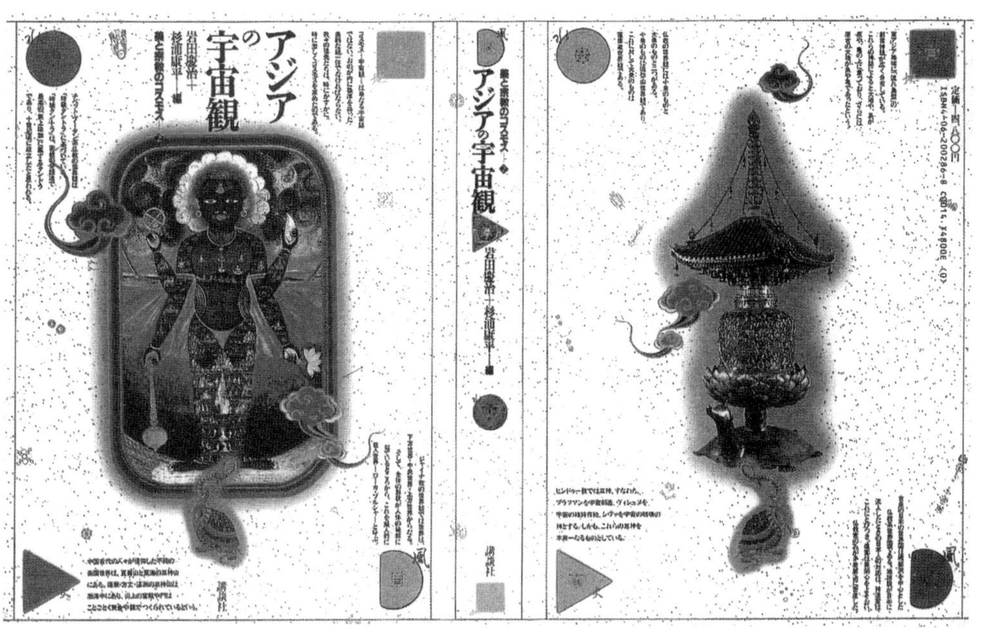

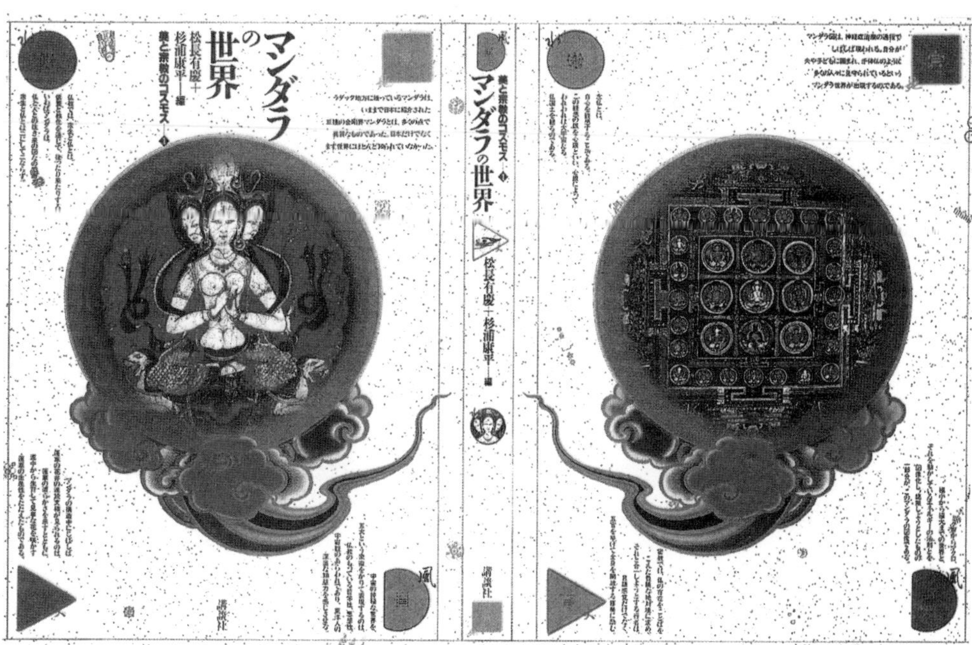

杉浦康平 / 书籍设计

14/7 - 1/9 2002

素描擴展 2

Grandes Esboços Sketch Extension

吳衛鳴 廖文暢 馬若龍
崔維斯 李德勝
何佩珊 楊子健

Ung Vai Meng
Lio Man Cheong
Carlos Marreiros
Denis Murrell
Lei Tak Seng
Ho Pui San
Ieong Chi Kin

主辦 / Organizador / Organizer

鳴謝 / Agradecimentos / Acknowledge

仁慈堂
SANTA CASA DE MISERICÓRDIA

婆仔屋藝術空間
澳門望德堂區瘋堂斜巷

Espaço de Arte do Albergue
Old Ladies' House Art Space

Calaçada da Igreja de S. lázaro, Macau
Tel: 530026 Fax: 533047
Website: on.to/oldladieshouse
E-mail: oldladieshouse@hotmail.com

杨子健 / 素描扩展 2 / 用复制、重叠的手法达到丰富的视觉效果，来实现足够的吸引力

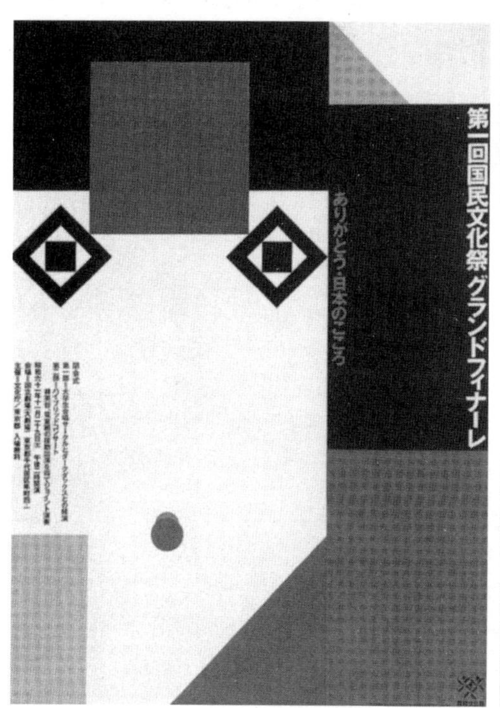

田中一光 / 日本国民艺术节 / 1986 年

田中一光 / 田中一光的平面艺术展 / 2000 年

计白当黑

西方的设计很讲究空白与实体的对比，讲究黑白对比的美，很重视空白的运用。中国艺术更讲空白，中国画论上说："虚实相生，无画处皆成妙境"，"密不透风，疏可跑马"。所以，中国的版面设计理念中的"空"，绝不是一片真空，而是在"空无"中有着中国文化精神的特定内涵。

版面中,黑色的文字与白色的空间,一虚一实,形成了视觉的美感。但是，空白决不能过分滥用。不能单纯为了"效果"而走上另一个极端，过分玩弄"空白"，无谓地制造空间。因为过大的空白在版面中不但不美，而且不利于读者阅读。所以，空白一定要掌握"度"，注重实用与审美的统一。

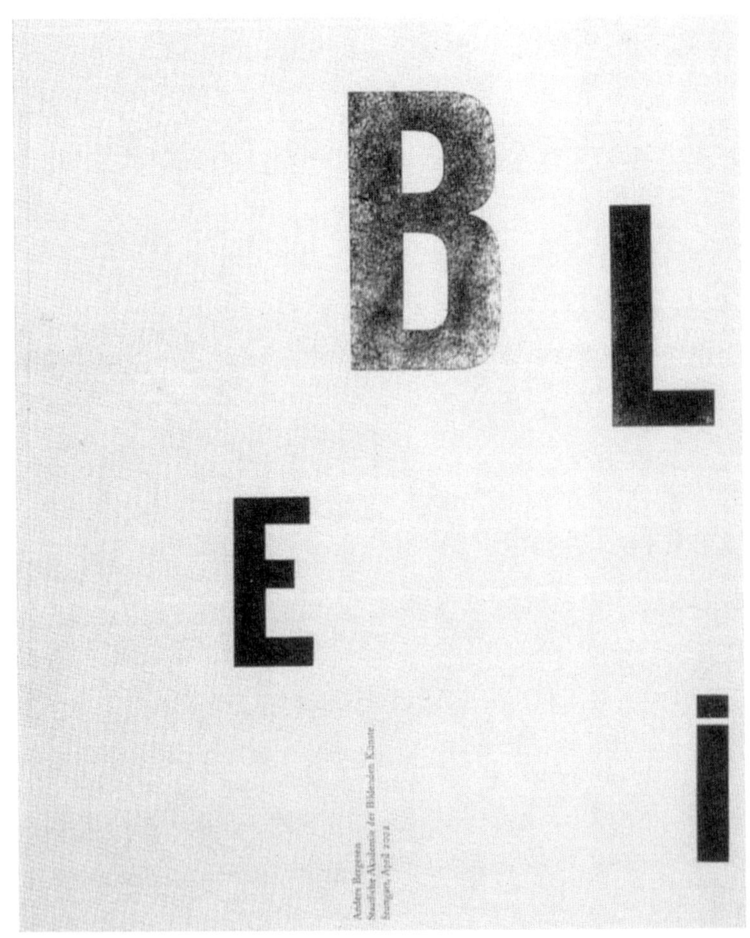

Anders Bergesen/ 一本关于铅字和排版的书籍设计，其中的影响来自瑞士设计家 Jan Tschichoid/2002 年

区德诚 / “纸 · 生活 · 展” 场刊

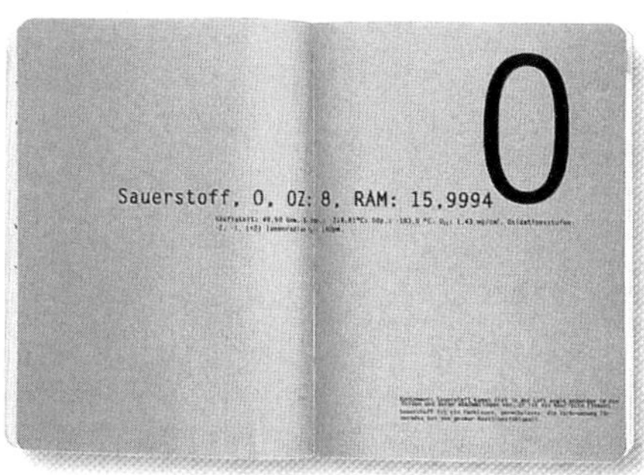

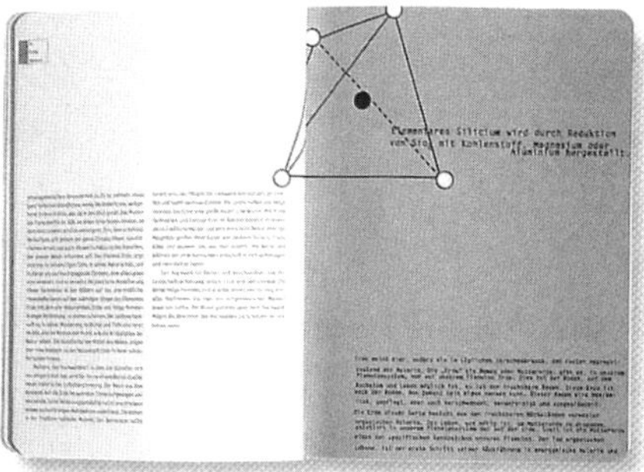

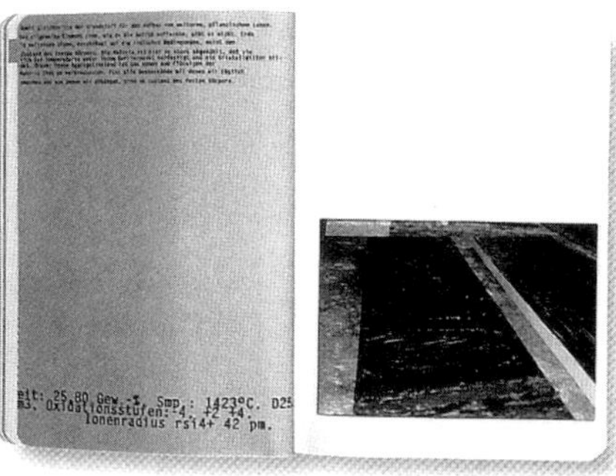

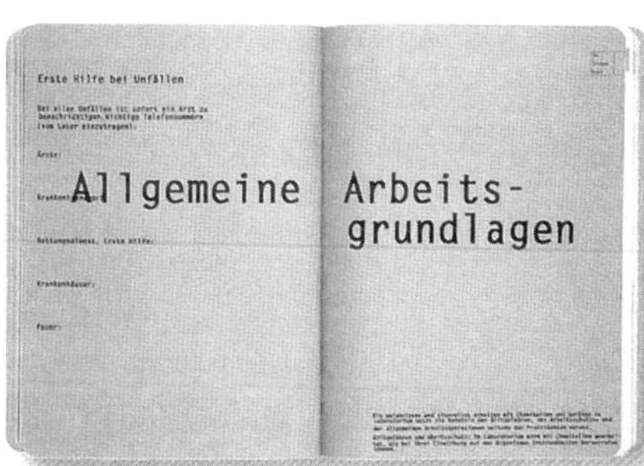

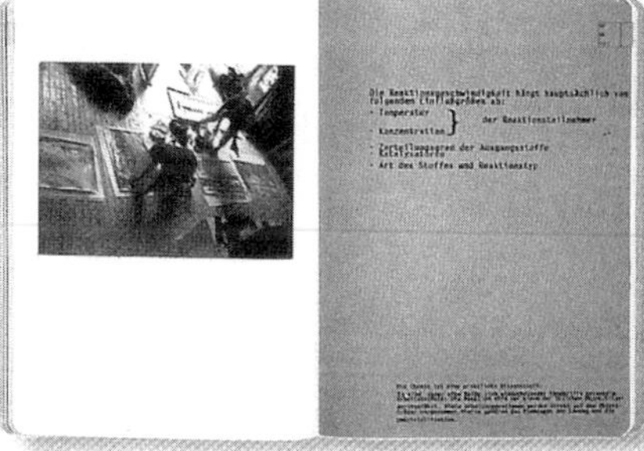

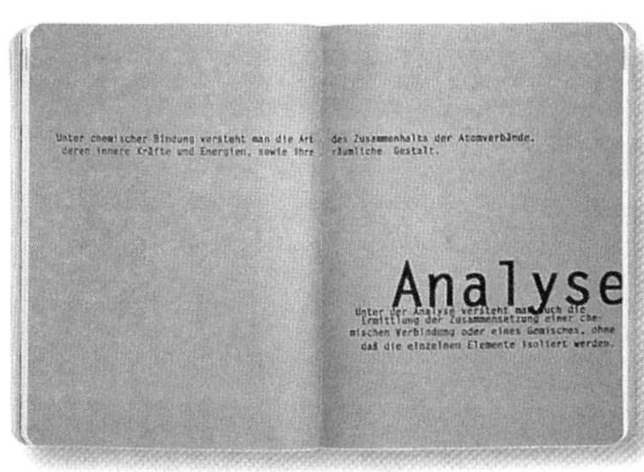

Anke Stache,Cologne /《自然研究室》书籍设计 / 2000 年

感性与理性

田中一光 / 日本的选择 / 为朝日新闻社制作，以募集日本研究赏论文为内容的海报作品。这张纯用文字以黑色单版横竖混排的手法，将论文的内容简介分门别类后，完美地统一到长 103mm、宽 728mm 的范围里，情绪化的成分在此被降到最低限 / 1973 年

有观点认为：设计要解决的主要问题是视觉传达的准确性，而不是装饰和美化。设计表现应该以直率和明确为目标，去除多余的装饰，依据传达功能作出合理的设计；提倡机械美学原则，认为现代设计是与大工业生产和机械化密切相关的；主张版面设计采取崭新的形式，像风格派、构成主义和包豪斯的设计那样风格独特。

也有观点认为：版面设计应该不受任何成规的约束，打破常规的设计处理和表现手法，灵活自由地传达信息。设计要有敏锐的洞察力，面对不同的内容及时调整自己的设计风格和方向，适应潮流的变化。他们采取自由手绘的手法，加上欢乐的色彩，自由轻松的版面编排，形成独特的、具有感染力的新风格。主张后现代主义的设计风格。

在版面设计上，“感性”与“理性”是同时存在的，这跟设计师个人的设计风格有很大关系，同时也反映出不同的社会需求。在信息时代，一切都显得短暂、易变，设计师不得不应付这个新的情况和环境，不能简单认为“感性”的版面与“理性”的版面谁更有优势。面对信息的传达，解决的方式不是唯一的，可以由多种途径来解决。

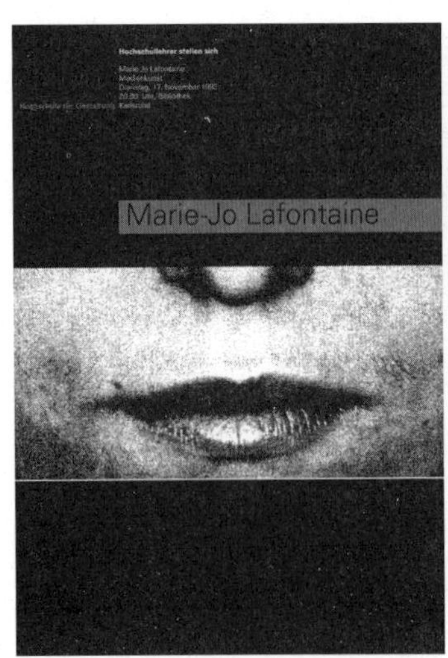

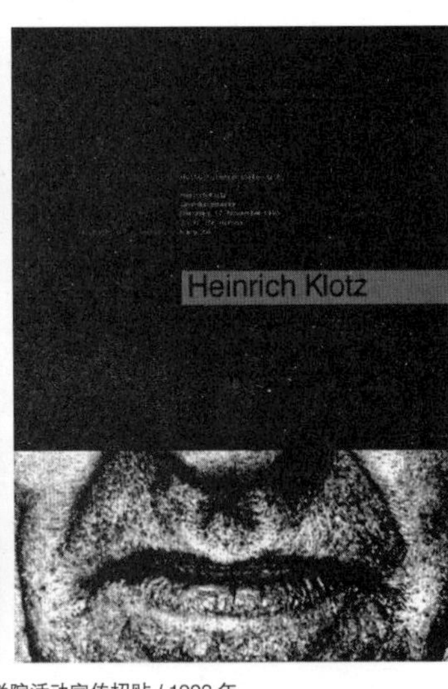

贝拉 · 斯特泽 / 卡尔斯鲁厄设计学院老师介绍　学院活动宣传招贴 / 1993 年

卓斯乐 / Willisau 市三重奏音乐会海报

卓斯乐 / Willisau 市爵士音乐会海报

幽灵工作室 /《在这里，我居住，我生活》唱片设计 / 2003 年

卓斯乐 / Willisau 市爵士音乐会海报

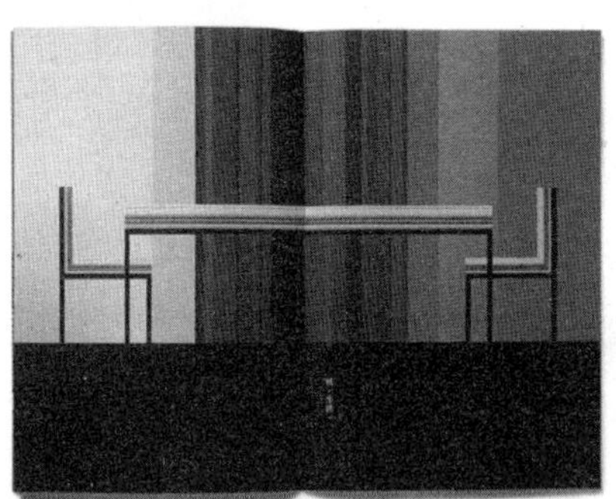

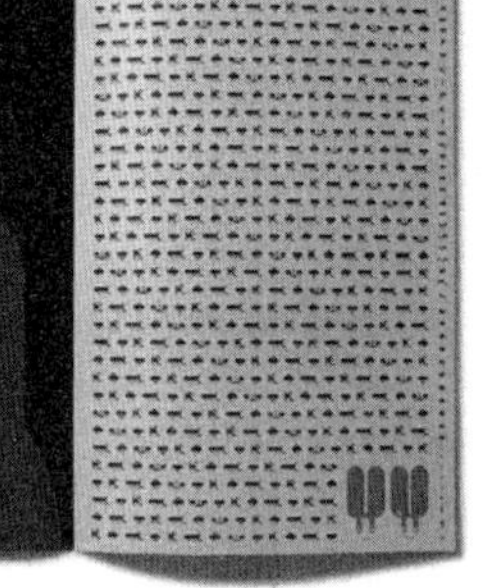

区德诚 / 《AMAZING》杂志内页

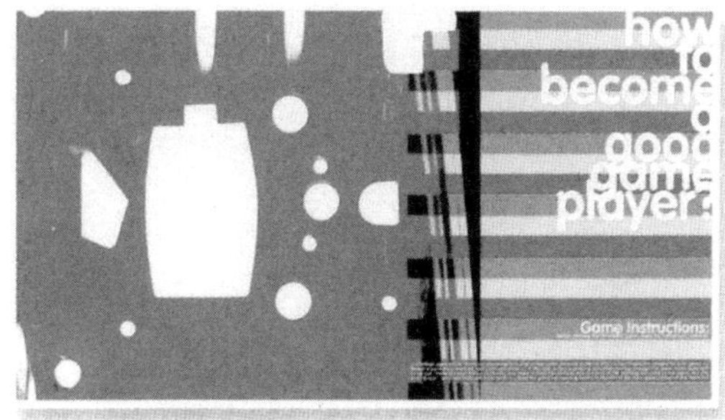

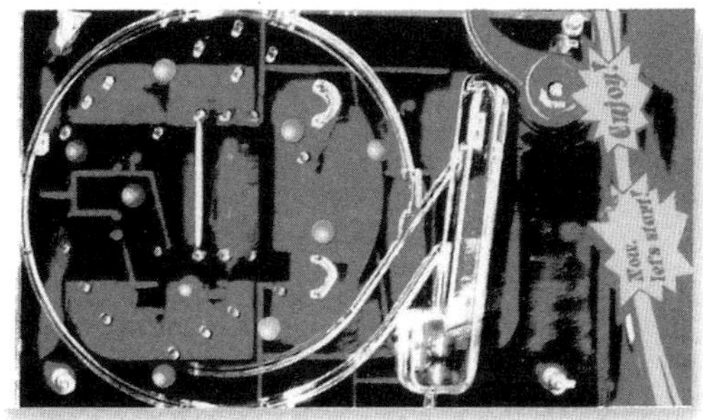

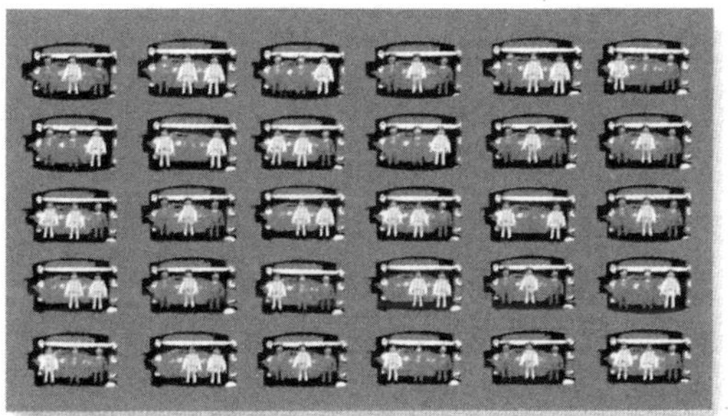

李永铨 / 《VQ》第四期 – 游戏 / 杂志内页设计

后现代版式设计思维

平面设计的“后现代主义”思潮,对版面设计产生了很大影响。“后现代”不能称其为设计方法，只能说是一种思维。

“后现代主义艺术”其根本特征是: 彻底反传统、反规律、反技巧、反艺术、反美学。

“后现代主义” 思维在版式设计中追求绝对的不对称、不等同、不均衡、无秩序、无规律、极混乱的版面效果。“后现代主义”思维甚至以反视觉规律、反美学、反设计的思维，采取破坏视觉规律的手段，表达西方后工业时代的艺术情感。

在当今版面设计中，现代与后现代没有明显的谁优谁劣，能经常见到现代与后现代两种思维相互渗透，甚至传统、现代、后现代三种设计思维的融合。

Siobhan Keaney / 千禧年招贴 /1999 年

大卫 · 卡尔森 / 南方中部城市的滑板活动 / 照片内容直接反映了杂志的类型及设计风格 /1985 年

SUBSC
RIBE
RESS
STATE ZIP
YEAR $11 · TWO YEARS $19 · ONE YEAR FOREIGN AIR $28
ear Foreign Surface $18 Send check or money order U.S. DOLLARS ONLY
SWORLD SKATEBOARDING
OX 6, CARDIFF, CA 92007
SWORLD
ATEBOARDING
MAGAZINE

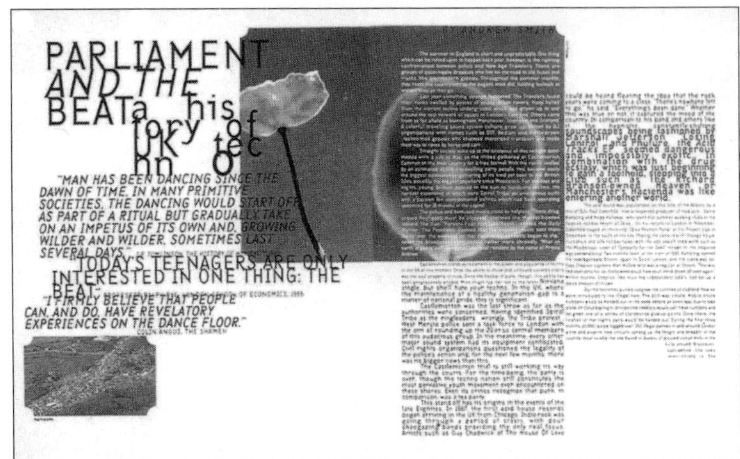

大卫 · 卡尔森 / 英国电子音乐 / 用一种粗糙的感觉来体现音乐

大卫 · 卡尔森 / 超大块 / 标题游离于文章的主体之外，文章的某些部分被分割，却没有影响其可读性

大卫 · 卡尔森 / 有关于一个纽约公共游泳池的专题 / 一个偶然机会实现了文字悬浮于页面之上的创意

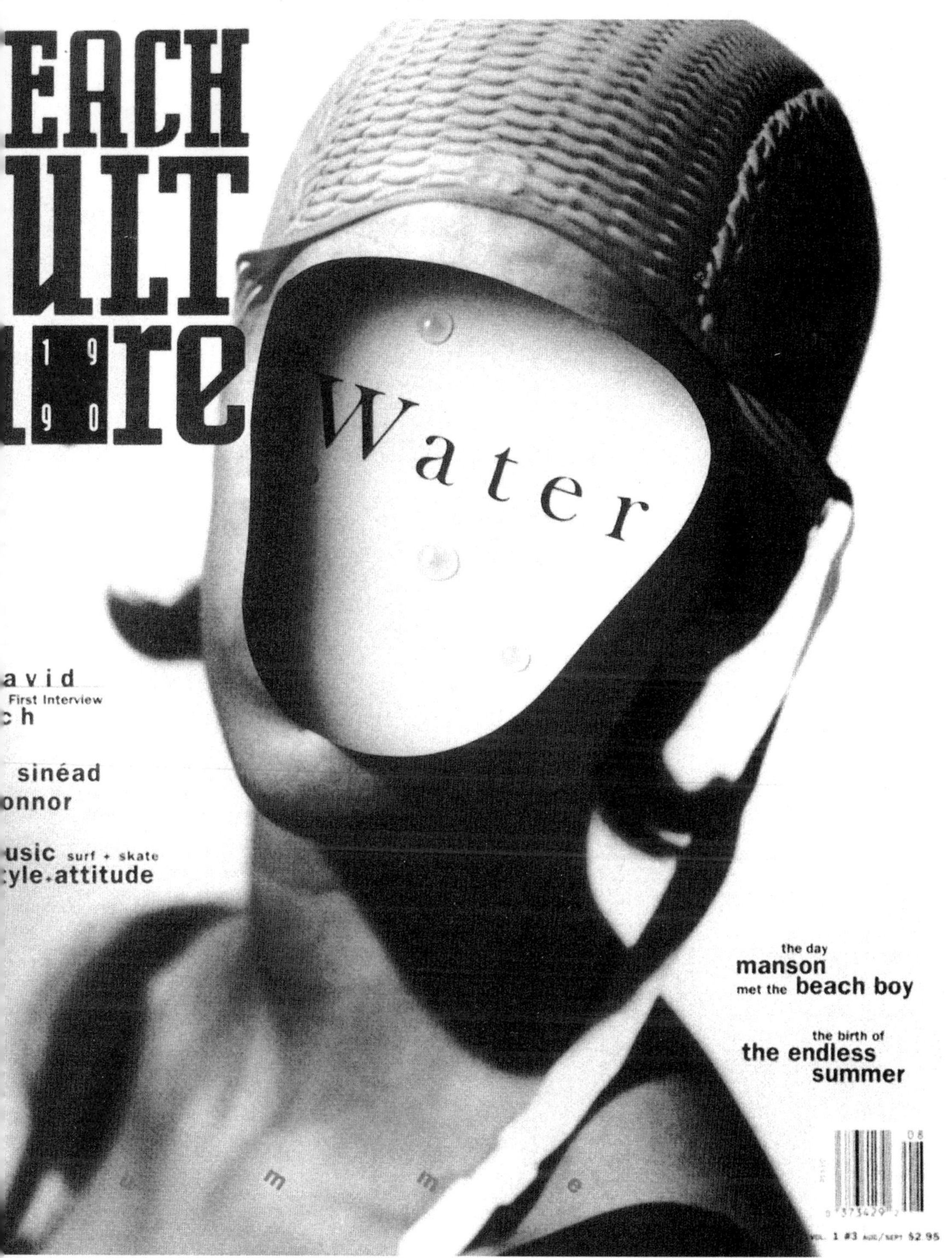

大卫 · 卡尔森 / 杂志封面 / 它最初是为内页文章所作的设计，但其出其不意的效果使它最终登上了封面的位置 / 1990 年

I COULD MAKE IT ART /
A MAGAZINE SELLS DREAMS, EXPECTATIONS, CREATES AN EXPERIENCE WITHOUT

THINGS/
I COULD MAKE COOL GRAPHICS / COOL GRAPHICS WOULD MAKE IT WORTHWHILE FOR OTHER GRAPHIC DESIGNERS AND PEOPLE INTERESTED IN
NICE LOOKING

A FAMOUS PERSON, ARTIST? /
IS IT
I AM SOMEONE. /

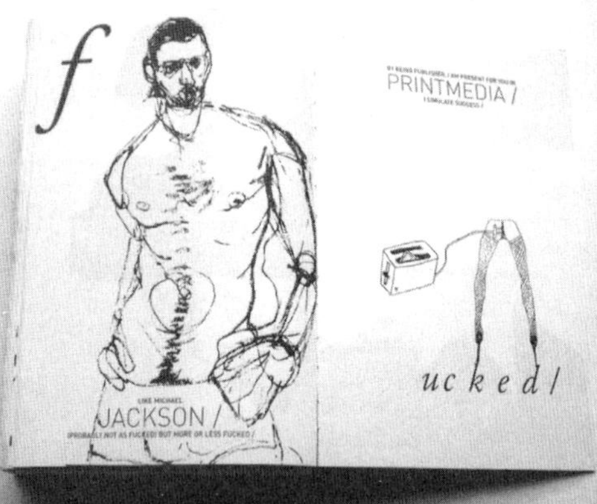
f
PRINTMEDIA /
ucked/
LIKE MICHAEL
JACKSON /

黑格曼 / Mined 杂志

李永铨 /《VQ》第四期 – 游戏 / 杂志内页设计

版面的空间表现

在版面设计中，编排的元素和二维的空间会以图形、背景的关系相互作用、影响。对所有版面元素来说，空间是一种很常见的背景，它提供了一个权限架构，相同的元素放在既定空间的不同位置上，就会在视觉上产生不同感受。

空间有两个基本特征：尺寸和比例。矩形空间和方形空间都是两条水平线和两条垂直线所描绘出来的，而它正是决定空间大小和比例的主要因素。在绝大多数版面设计案例里，空间的大小和比例在设计一开始的时候，就先决定好，它不同于元素的尺寸、粗细和形状，是不能改来改去的。

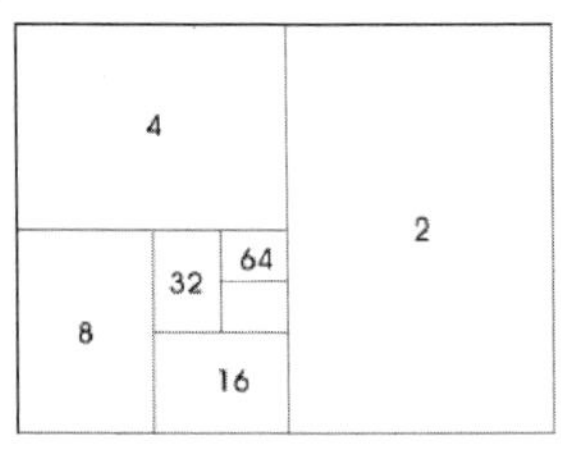

纸张的开本

在多数情况下，版面设计是与纸张联系在一起的，为了使版面能够在印刷媒体中实际展现，我们就必须了解一下纸张这种最为普遍的平面媒体。

在印刷品中，版面即印刷品的页面，版面的尺寸由纸张的工业加工标准所限定。版面的大小称为开本，开本以全张纸为计算单位，每全张纸裁切和折叠多少小张就称多少开本。我国习惯上对开本的命名是以几何级数来进行的，如图所示。出于特殊需要，也可采用非几何级数的直线开切或混合开切的多种版面规格。

工业生产的纸张常见大小主要有以下几种：

我国生产的纸张有数种常用规格：787mm × 1092mm，850mm × 1168mm，880mm × 1230mm，889mm × 1194mm。

其中，787mm × 1092mm 俗称“正度纸”，国内现有的造纸、印刷机械绝大部分都是生产和使用此种尺寸的纸张。目前，东南亚各国还使用这种尺寸的纸张，其他地区已很少采用了。889mm × 1194mm 的纸张也是我国较为普遍的，俗称“大度纸”，这种型号比其他同样开本的尺寸要大，因此印刷时纸的利用率较高，形式也比较美观大方，是比较通用的一种规格。

国际标准组织 (ISO) 制定的纸张规格标准有 A、B、C 三种基本系列，整张纸的尺寸分别是：1189mm×841mm、1414mm×1000mm、1297mm×917mm。国际标准用数字表示裁切的次数，如 A 型纸整开为 A0，对开为 A1，4 开 A2，8 开为 A3，16 开为 A4，以此类推。

为了设计效果得以更好展现，设计师常常会用到特种纸。特种纸多为进口纸，按各造纸厂家的工艺要求，特种纸的规格常常不统一，因此在设计之前要向供应商仔细询问好尺寸，以便选择合适的版面大小。

陈晨 /《搅 7 廿 3》/ 这是一本四开大的杂志，在进行设计之前，具体尺寸的设定是根据所用的纸张来决定的 /2005 年

点、线、面

世上万物的形态千变万化，归纳这些空间的形态，均属于点、线、面的分类构成。它们彼此交织，相互补充，相互衬托，有序地构成缤纷的世界。在设计中也是这样，任何一种版面设计，在空间原理上均归于点、线、面的分类。点、线、面是几何学的概念，也是版面设计中的基本元素和主要的视觉语言形式。

Agnes Wartner/ Hong Kong Polytechnic School of Design Graduation Fashion Show / 1997 年

点与空间构成

“点”在几何学中只表明位置，并不具备面积和方向。而在版面构成中，“点”作为造型要素之一，却具有不可忽视的重要作用。在版面中的点，由于大小、形态、位置不同，所产生的视觉效果、心理作用也不相同。“点”的表现形式，大体可以归纳出三种类型：

■ 强调整齐划一，以形成秩序美

秩序美也是一种韵律美。它蕴涵在大小相同、间隔相等、横平竖直的严格模式中。整齐划一极易陷入板滞。然而背水一战，也许会产生极具个性的优秀作品。

■ 运用自然散点的构图，造成多变的视觉效应

如果说整齐划一如同节奏感很强的打击乐，那么散点构成就是旋律优美的丝竹乐。散点构成活泼多变，散而不乱，变化有序。设计者需用心经营，而又不露声色。

■ 采用类似群化的组合，显露时代风格

“点”的外形并不局限于圆形一种，也可以是正方形、三角形、矩形及不规则形等。但其面积的大小，当然要限制在必须是呈现“点”的视觉效应的范围之内。在等间隔构成的网络上，把某一个或某一组单元的圆点，变换为上述其他各种形状中的某种或某几种，这种手法被称为类似群化组合。类似群化组合的特点在于统一之中孕育着变化。

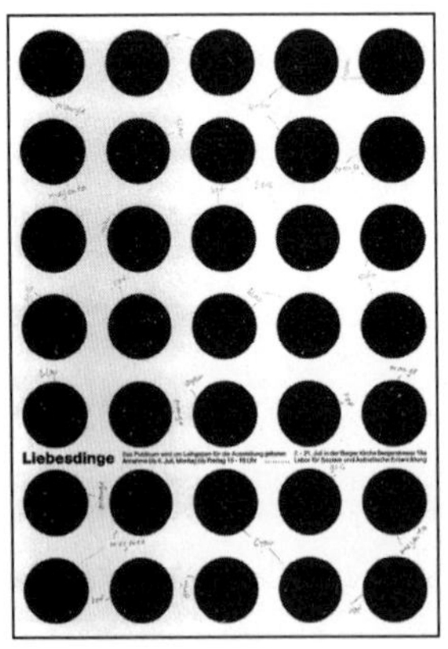

黑格曼 /“实验室”/ 为德国杜塞尔多夫 Berger 教会的一个有关社会福利和审美教育的福利工作站设计的海报

卓思乐 / “100 年瑞士卢塞恩市药店联盟”海报

线与空间构成

“线”可以看做移动中的“点”，当静止的点快速移动时，就形成了一条线。线在编排中的构成形态很复杂，有形态明确的实线、虚线，也有空间的视觉流动线。然而，人们一般对线的概念，都仅仅停留在版面中形态明确的线，对空间的视觉流动线却往往容易忽视。

一条线可以有很多种用途，包括组成、架构、连接、分隔、强调、突显或封锁等。在编排设计中，线条是很与众不同的，它们的视觉特质和字体不同，只要有它们的出现，就显得很有力量。

在使用线条的时候，最先要考虑的就是它们的粗细、长短、方向和形状。这条线该有多长，多粗？它是直的，有角度的，还是曲线的？什么时候这条线就不再是一条线，而是一个平面了？

线条的适应力很强，可以让你进行各种实验，也许你可以用线条来草绘一下某个文字的轮廓，或者用它来调整一下版面的节拍韵律。不管哪一种情况，线都是一个很有活力的元素。如果你想自己的版面与众不同，就少不了“线”的帮忙。

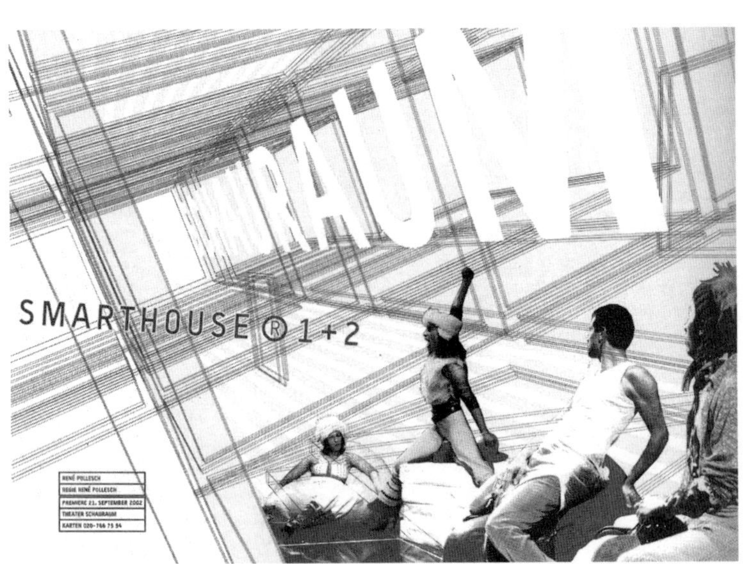

Volker Kuhn/“戏剧空间”/戏剧海报/2002年

BALLETT FRANKFURT
ARTIFACT

WIEDERAUFNAHME

7. 8. 9. 10. UND 11. JUNI

CHOREOGRAPHIE: WILLIAM FORSYTHE

MUSIK: JOHANN SEBASTIAN BACH, EVA CROSSMAN-HECHT

OPERNHAUS AM WILLY-BRANDT-PLATZ 20.00 UHR

KARTEN: 069 / 13 40 400

UND AN ALLEN BEKANNTEN VORVERKAUFSSTELLEN

WWW.FRANKFURT-BALLETT.DE

BALLETT FRANKFURT
EMERGING CHOREOGRAPHERS

PREMIERE

26. 27. 28. UND 29. APRIL

STÜCKE UND ARBEITEN VON ALLISON BROWN, PRUE LANG, FABRICE MAZLIAH, TAMÁS MORITZ, MAURIZIO DE OLIVEIRA, NICOLE PEISL, CRYSTAL PITE, JONE SAN MARTIN, RICHARD SIEGAL, STEVE VALK UND SJOERD VREUGDENHIL

BOCKENHEIMER DEPOT 20.00 UHR

KARTEN: 069 / 13 40 400

UND AN ALLEN BEKANNTEN VORVERKAUFSSTELLEN

WWW.FRANKFURT-BALLETT.DE

BALLETT FRANKFURT PRÄSENTIERT

JOHN JASPERSE COMPANY
GIANT EMPTY

PREMIERE

18. 19. UND 20. MAI

CHOREOGRAPHIE: JOHN JASPERSE

IN ZUSAMMENARBEIT MIT MIGUEL GUTIERREZ, PARKER LUTZ UND JULIETTE MAPP

MUSIK: CHRISTIAN FENNESZ

BÜHNE: MATTHIAS BRINGMANN

LICHT: STAN PRESSNER

SCHAUSPIELHAUS AM WILLY-BRANDT-PLATZ 20.00 UHR

KARTEN: 069 / 13 40 400

UND AN ALLEN BEKANNTEN VORVERKAUFSSTELLEN

WWW.FRANKFURT-BALLETT.DE

BALLETT FRANKFURT
KAMMER/KAMMER

PREMIERE: 8. DEZEMBER 2000

CHOREOGRAPHIE: WILLIAM FORSYTHE

MUSIK: J. S. BACH, THOM WILLEMS

9. 10. 11. 13. 14. 15. 16. 17. UND 18. DEZEMBER

BOCKENHEIMER DEPOT 20.00 UHR

KARTEN: 069 / 13 40 400

瑟菲斯工作室 / 法兰克福芭蕾舞团 2000–2001 年度招贴

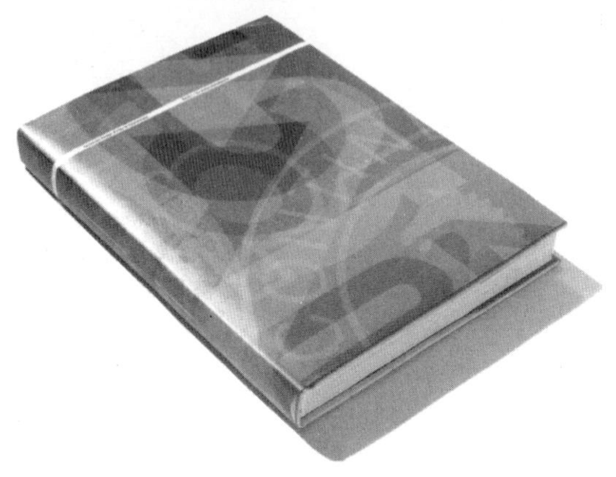

Ulf C.Stein/《德国视觉一体化设计文化》/ 一本介绍关于德国视觉一体化设计历史的书籍设计

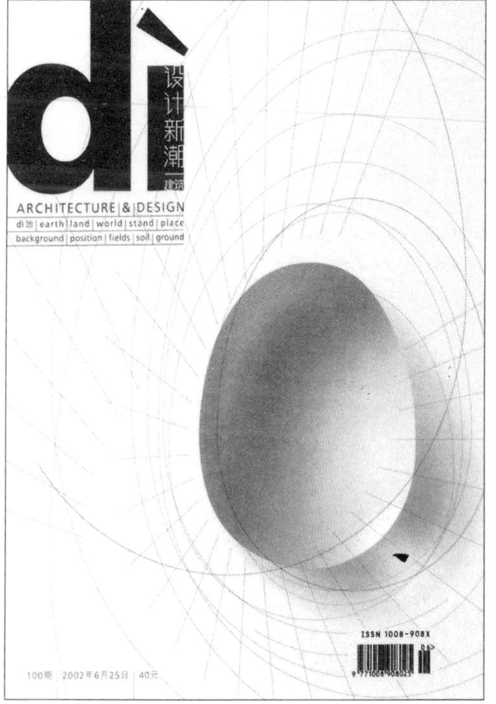

陈幼坚 / 设计新潮杂志封面设计 / 在这几张版面中，线起到深化主题、丰富画面的重要作用 / 2002 年

面与空间构成

“面”在版面中的概念，可以理解为点的放大、点的密集或线的重复。另外，线的分隔也产生各种比例的空间，同时也形成各种比例关系的面。面在版面中具有平衡、丰富空间层次，烘托、深化主题的作用。

阿佩罗 / 字体设计大赛 / 1999 年

惕思 / 1996 年度瑞士提名海报 / 1996 年

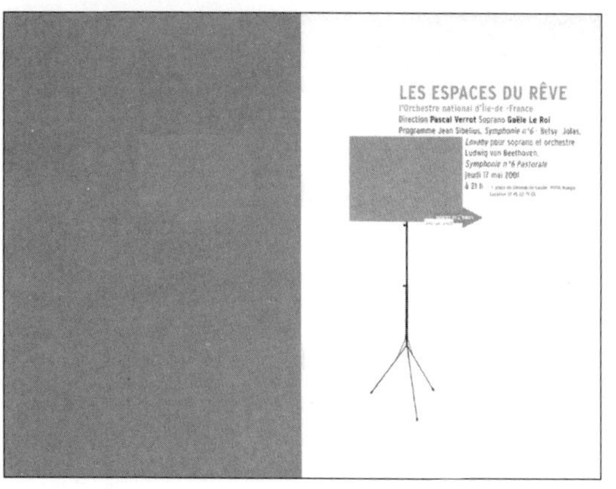

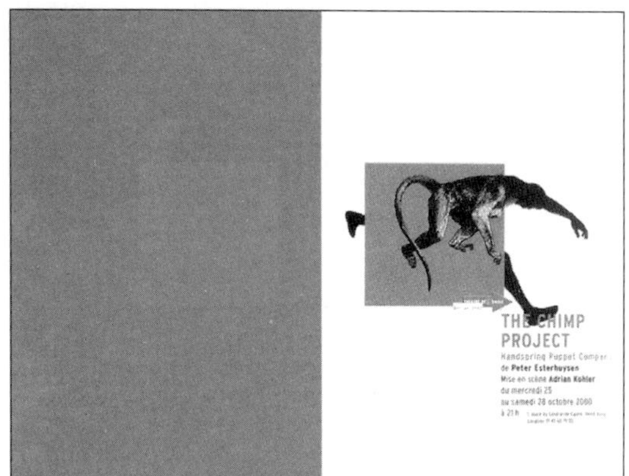

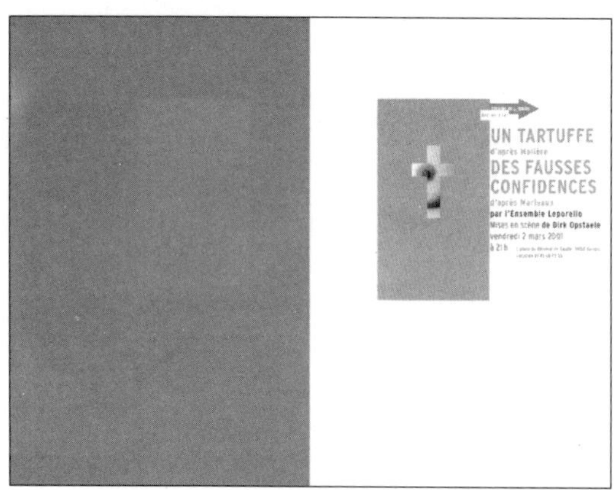

Anette Lenz / 法国巴黎 Zungis 剧院季刊 / 这本书的设计概念在于在幕前（以金黄色方块代表）讲述一个故事，而以该方块后面的东西讲述一个新的故事…… / 2000 ～ 2001 年

PELLÉAS
ET MÉLISANDE
de Maurice Maeterlinck
Mise en scène Pierre Guillois
vendredi 15 et
samedi 16 décembre 2000 à 21h

JACQUES HIGELIN
Paradis païen
Percussions Dominique Mahut
vendredi 24 mars 2001
à 21h

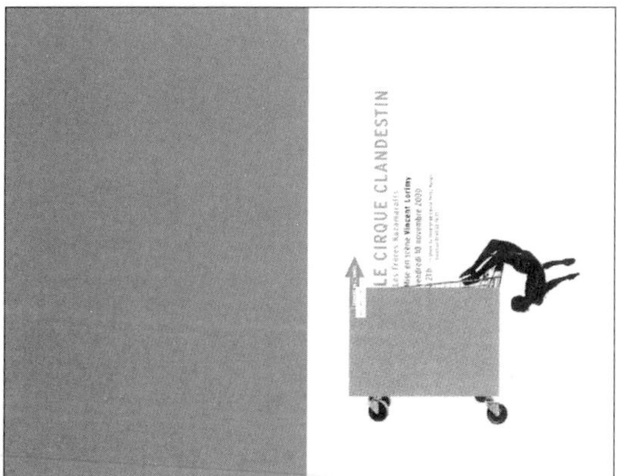
LE CIRQUE CLANDESTIN

FE.I.R. - LA PEUR
Compagnie Opinioni in Movimento
Chorégraphie Laura Scozzi
vendredi 6 avril 2001 à 21h

LES NEGRES
Clownerie
de Jean Genet
Mise en scène Alain Ollivier
mardi 13 février 2001
au Studio-Théâtre de Vitry

PACO EL LOBO

网格（Grid）体系

历史和意义

在影像媒体高度发达的今天，印刷版面也呈现显著的“图像化”趋势，不仅广告和图录样本等包含丰富的摄影图片和插图，各类书刊中图版所占的比重也大大增加。如果我们是处理内容单一的文本和少量的图版，问题还比较容易解决，如果我们处理的对象是结构复杂和多页面的版面，工作的难度就大很多。为了有效率地解决这个问题，网格体系就提供了一个有矩可循而又具备极大延展可能性的方法。

网格体系（Grid Systems）作为一种注重客观分析和合理性的设计方法论，源于20世纪20～30年代欧洲设计界的功能主义思潮，但真正形成其理论体系并在设计实践中得以广泛应用，则是在二次大战之后。大约40年代中期，在瑞士和德国最初出现了以网格作为版面结构框架的设计作品。1961年瑞士著名设计师约瑟夫·穆勒·布鲁克曼（Josef Muller-Brockmann）在《图形艺术家及其设计问题》一书中首次对这一方法论作了阐述，1981年他的专著《网格体系》又在美国出版。由于瑞士设计师首先在他们的作品中利用了网格并对其方法作出了系统的理论总结，所以网格体系往往被视为瑞士经典版面风格的“专利”，但其实际影响早已超出了某一国家的界限,并成为20世纪50～70年代“国际版面风格”的重要特征。

这一方法的核心是：以印刷字符的规格标准为模数，将设计师从事工作的二维平面或三维空间划分为若干相等或不相等的区域，用这些区域作为组织设计元素的框架，从而在合乎数理逻辑的关系中建立版面的整体秩序。

其目的和意义在于：

■ 通过体系化的程序提高设计工作的效率；

■ 以富于逻辑性和分析性的思考方式客观地解决各种不同的设计问题；

■ 赋予作品统一和谐的形式，包括素材尺度的规格化和结构关系的条理化；

■ 提高版面的易读性，突出主题并形成合理的视觉诱导，借以加强信息传递的效果和人们对信息的记忆。

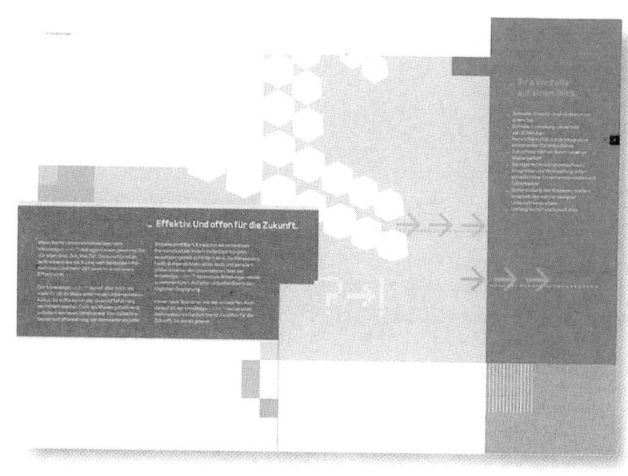

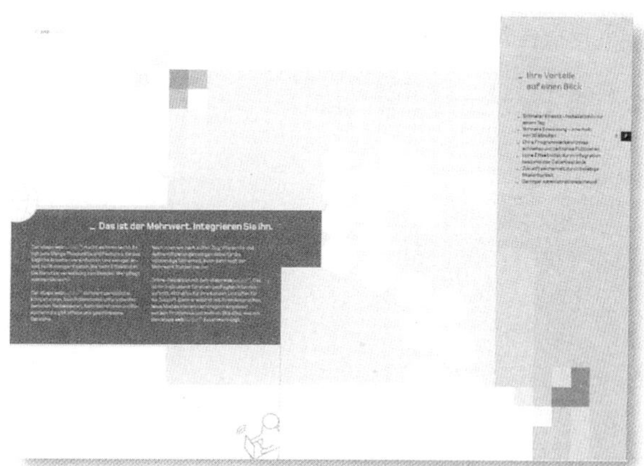

In Corporat Communication Design GmbH /Staps Mindware / 2000 年

建立网格

王俊 / 2001APEC 会议 会刊设计 /2001 年

我们所说的“网格”(Grid)，是对版面作出的空间划分，其基本形式是由垂直和水平划分而产生的等面积矩形区域，以及各区域间的间隔构成，这些间隔形成了版面的栏与列。栏与列决定了编排元素的大小与位置，其中包括图片、标题、内文、图片说明和页码等。网格体系就是以这套办法，成为强有力的视觉组织的，它统一了每页版面的各个元素，也统一了整体的风格，同时还考虑到其中可能存在的差异。

网格的划分形成隐形的垂直线和水平线。版面编排中各个元素都要接受它的引导，排列成序。虽然网格的划分有助于元素的安排，但这并不表示它的结果就一定是僵硬无趣的。就像其他的系统方法一样，如果能够发挥想象力，把它运用得当的话，也会有很活泼的效果出现。

建立网格首先要考虑的是原稿所包含的元素。研究一下文本有多长，独立的小文本又有多少；图片有多少，图片幅面的大小大致如何分配。如果，原稿是由很多独立的片段组成，那么网格就要划分成许多小单元；如果原稿是一本冗长的文字为主而视觉化素材很少的话，那么，一个复杂的网格体系就纯属多余了。所以，构造独特的网格，必须与设计的版面上的元素数量和大小相对应。网格划分越细，单元越小，元素摆放位置的选择就越多，条理秩序就越难统一。换句话说，有时简单的网格才是最好的选择。

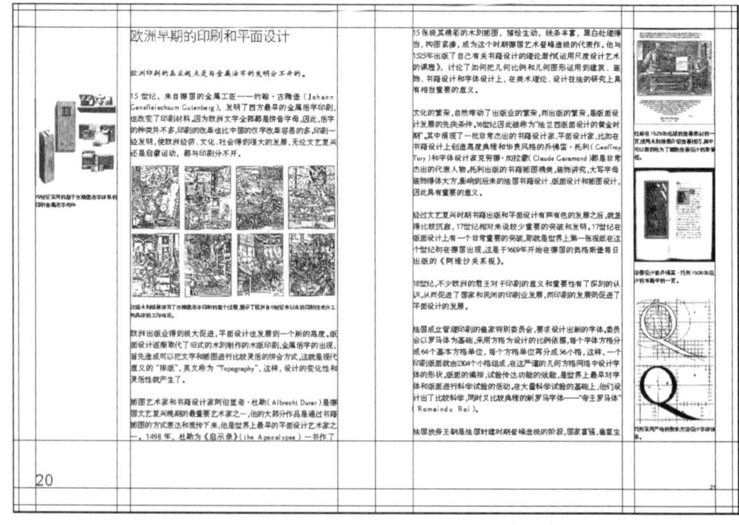

欧洲早期的印刷和平面设计

欧洲印刷的真正起点是与金属活字的发明分不开的。

15 世纪，来自德国的金属工匠——约翰·古腾堡（Johann Gensfleischaum Gutenberg），发明了西方最早的金属活字印刷，也改变了印刷材料。因为欧洲文字全部都是拼音字母，因此，活字的种类并不多，印刷的改革也比中国的汉字改革容易的多。印刷一经发明，使欧洲经济、文化、社会得到很大的发展，无论文艺复兴还是启蒙运动，都与印刷分不开。

欧洲出版业得到极大促进，平面设计也发展到一个新的高度。版面设计逐渐取代了旧式的木刻制作的木版印刷，金属活字的出现，首先造成可以把文字和插图进行比较灵活的拼合方式，这就是现代意义的“排版”，英文称为“Topography”，这样，设计的变化性和灵活性就产生了。

插图艺术家和书籍设计家阿伯里奇·杜勒（Albrecht Durer）是德国文艺复兴晚期的最重要艺术家之一，他的大部分作品是通过书籍插图的方式表达和流传下来，他是世界上最早的平面设计艺术家之一。1498 年，杜勒为《启示录》（the Apocalypse）一书作了

15 张极其精彩的木刻插图，描绘生动，线条丰富，黑白处理得当，构图紧凑，成为这个时期德国艺术登峰造极的代表作。他与1525年出版了自己有关书籍设计的理论著作《运用尺度设计艺术的课程》，讨论了如何把几何比例和几何图形运用到建筑、装饰、书籍设计和字体设计上，在美术理论、设计技法的研究上具有相当重要的意义。

文化的繁荣，自然带动了出版业的繁荣，而出版的繁荣，是版面设计发展的先决条件。16世纪因此被称为“法兰西版面设计的黄金时期”。其中涌现了一批非常杰出的书籍设计家、平面设计家，比如在书籍设计上创造高度典雅和华贵风格的乔佛雷·托利（Geoffroy Tory）和字体设计家克劳德·加拉蒙（Claude Garamond）都是非常杰出的代表人物。托利出版的书籍插图精美，装饰讲究，大写字母装饰得体大方，影响到后来的法国书籍设计、版面设计和插图设计，因此具有重要的意义。

经过文艺复兴时期书籍出版和平面设计有声有色的发展之后，就显得比较沉寂，17世纪相对来说较少重要的突破和发明。17世纪在版面设计上有一个非常重要的突破，那就是世界上第一张报纸在这个世纪初在德国出现，这是于1609年开始在德国的奥格斯堡每日出版的《阿维沙关系报》。

18世纪，不少欧洲的君王对于印刷的意义和重要性有了深刻的认识，从而促进了国家和民间的印刷业发展，而印刷的发展则促进了平面设计的发展。

法国成立管理印刷的皇家特别委员会，要求设计出新的字体。委员会以罗马体为基础，采用方格为设计的比例依据，每个字体方格分成64个基本方格单位，每个方格单位再分成36小格，这样，一个印刷版面就由2304个小格组成，在这严谨的几何方格网络中设计字体的形状，版面的编排，试验传达功能的效能，是世界上最早对字体和版面进行科学试验的活动。在大量科学试验的基础上，他们设计出了比较科学，同时又比较典雅的新罗马字体——“帝王罗马体”（Romaindu Roi）。

法国波旁王朝是法国封建时期登峰造极的阶段，国家富强，皇室生

20

本书在 PageMaker 排版软件里设定的网格体系

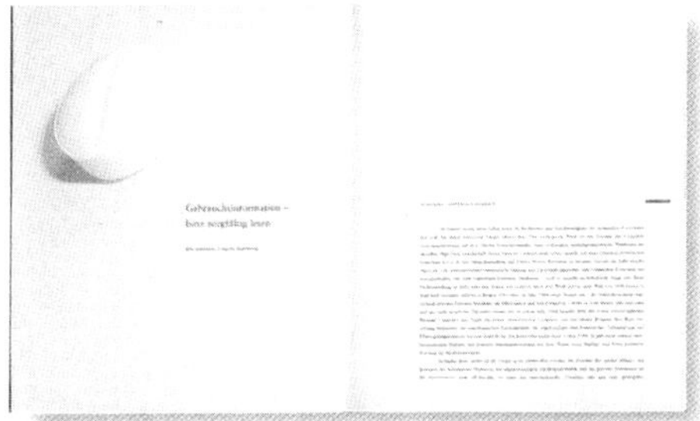

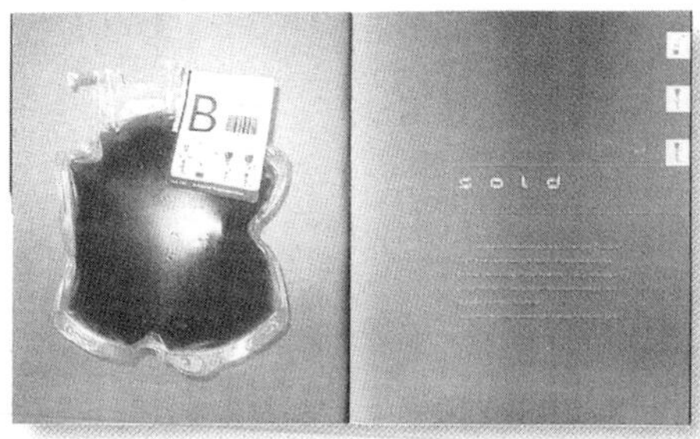

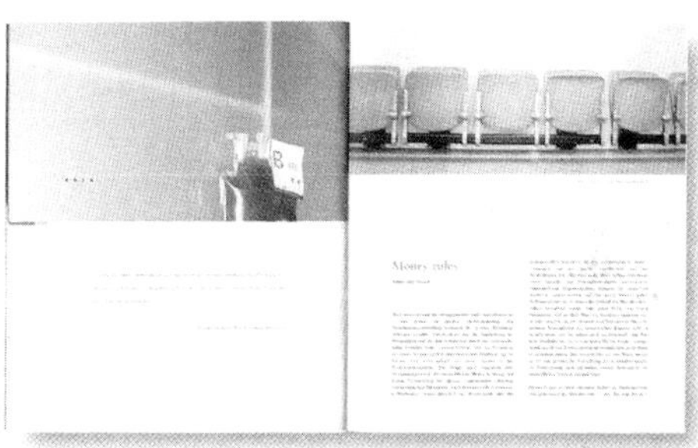

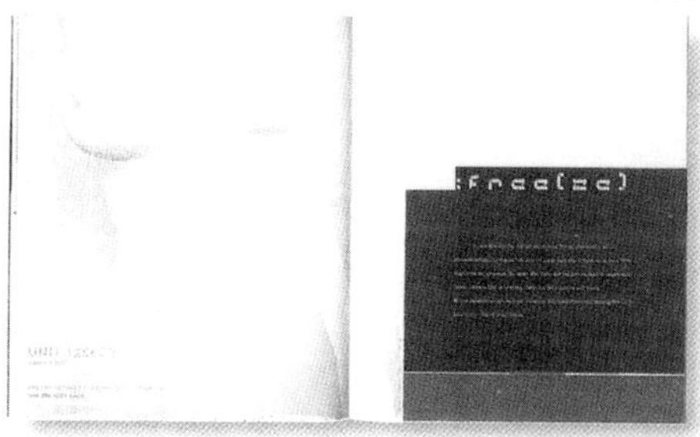

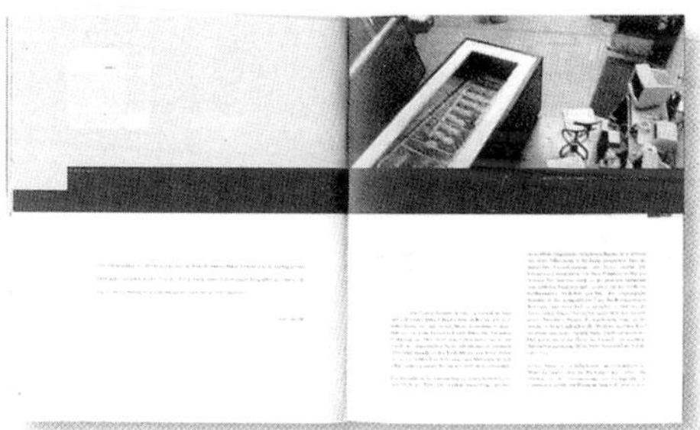

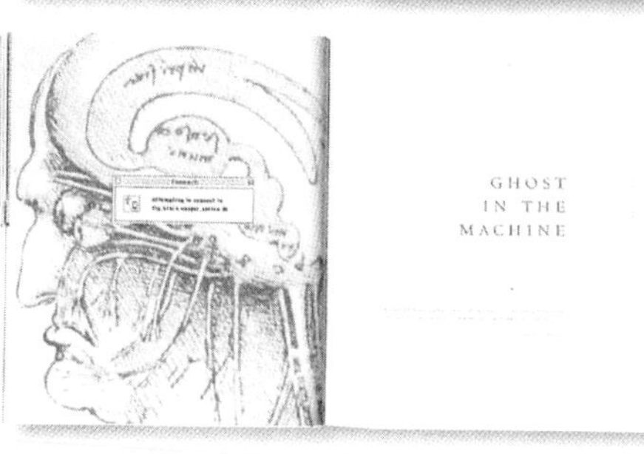

Ansgar Seelen /《延伸和替代》书籍设计 / 2000 年

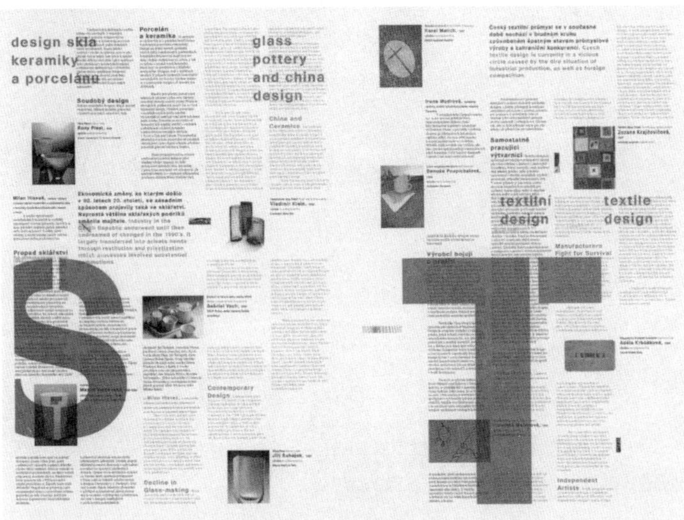

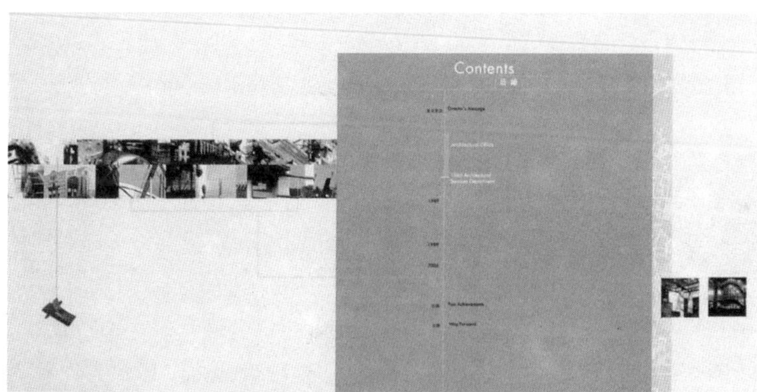

图文信息虽然很多，但经过合理的网格划分，所有信息一目了然

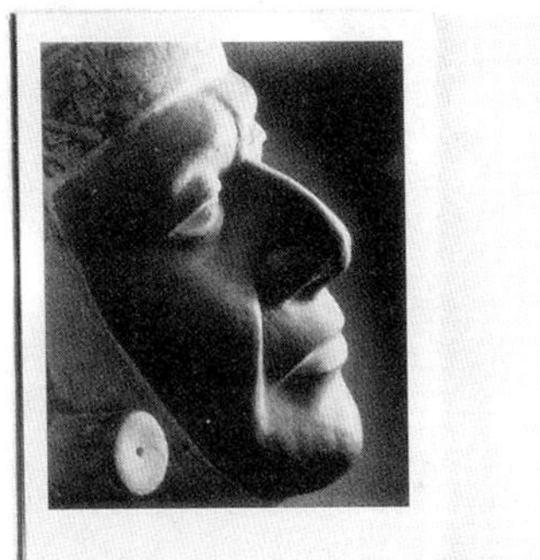

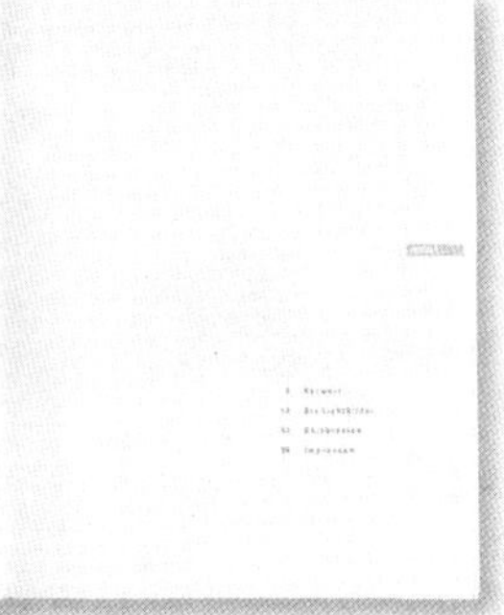

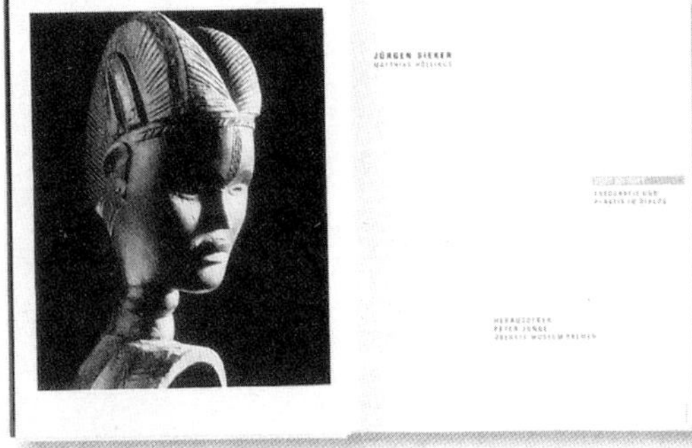

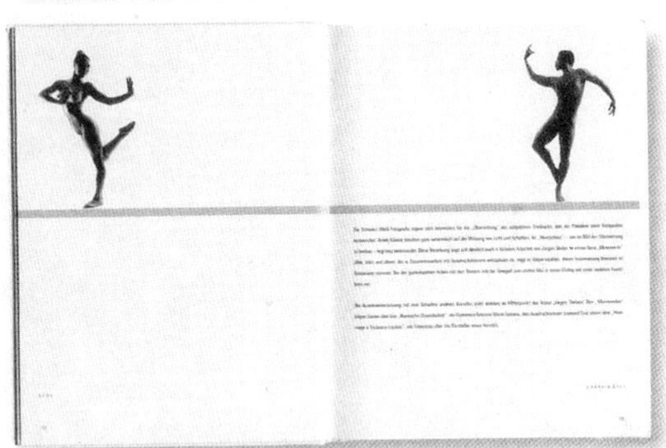

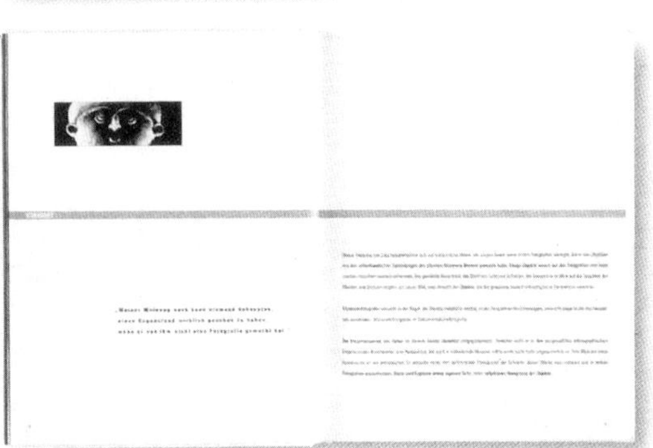

Inge Wulfken-Jung /《头靠头》展览画册 / 2000 年

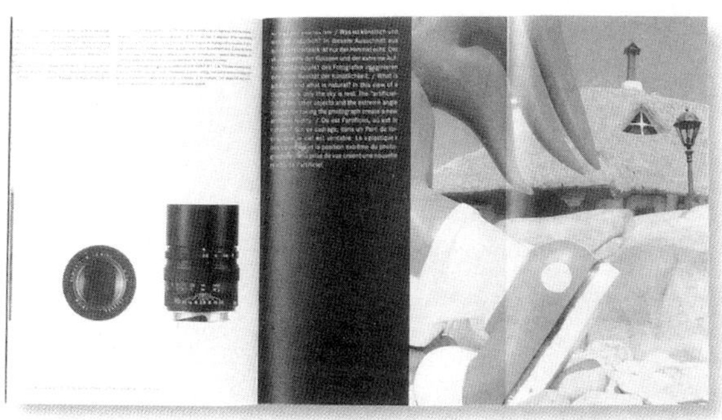

Heine,Lenz,Zizka /《徕卡相机》画册 / 2000 年

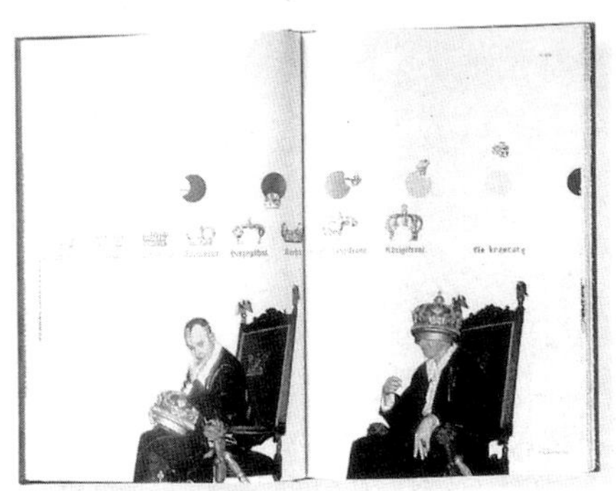

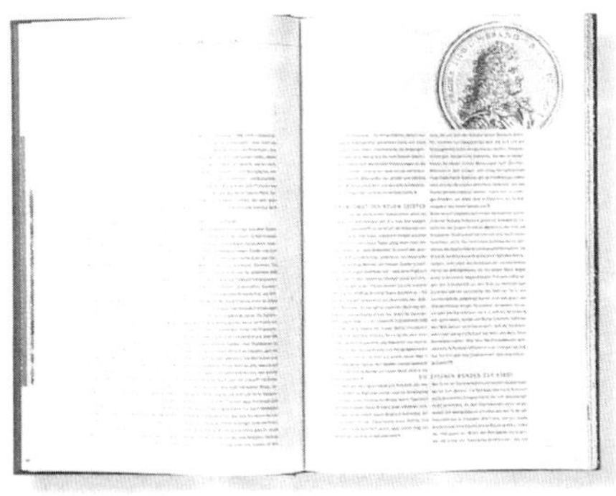

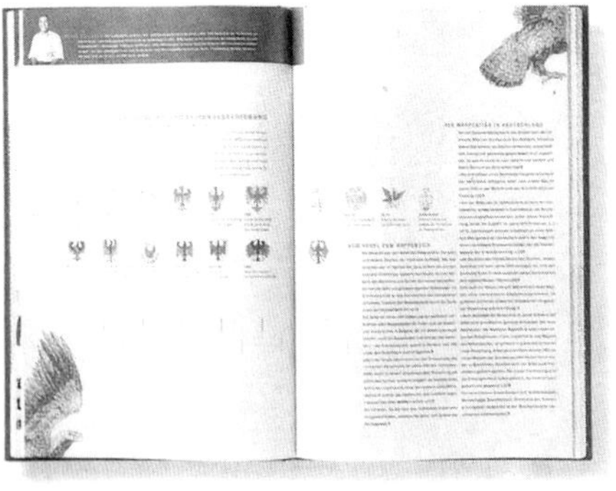

Marion Wagner /《权利游戏》书籍设计

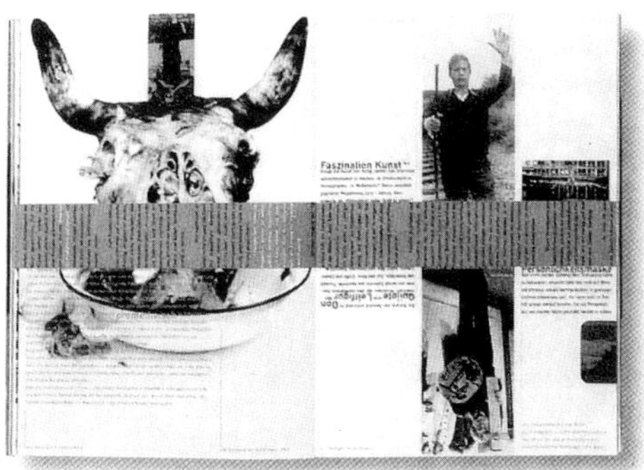

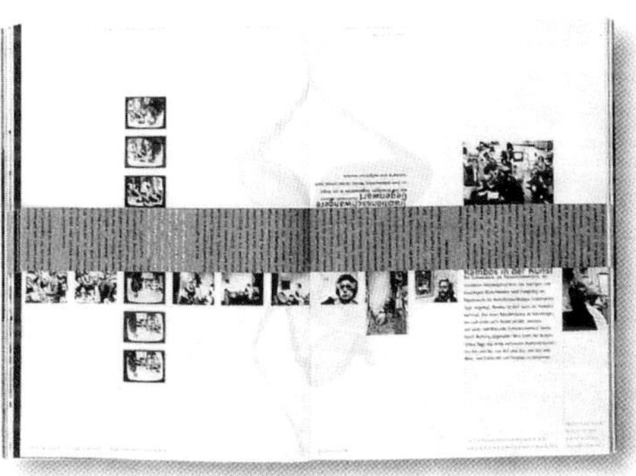

botschaft gertrud nolte visuelle kommunikation und gestaltung / 书籍设计 / 2000 年

三维空间

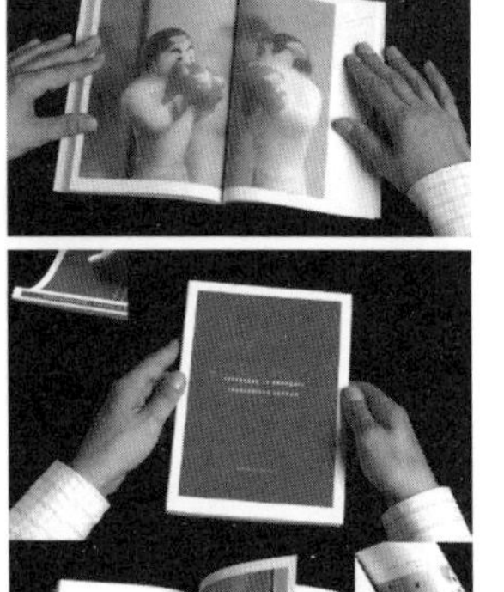

翻动的页面必然产出三维空间关系

大多数版面设计都是在平面上、二维中进行的。当版面设计进入空间、第三维时，会产生怎样的变化呢？

平面设计既是二维的，也是三维的。

随手拿起一本杂志或者书，快速翻阅，你所看到的是对飞速掠过页面的累积知觉，是对依次传递的信息的累积。每张页面和版面都是平整的，但我们是在三维中看世界。平面设计的三维空间或纵深面就必须把阅读的过程考虑在内。

折叠式的印刷品、说明书和宣传手册呈现出与杂志或书籍略微不同的版面设计问题。折叠形式的附加元素使事物变得更加复杂化，小册子可以用与众不同的方式折叠或展开，它们要分几次动作才能将各个部分完全展开，而在每一个连续展开的过程中都会产生该设计的一个新平面。

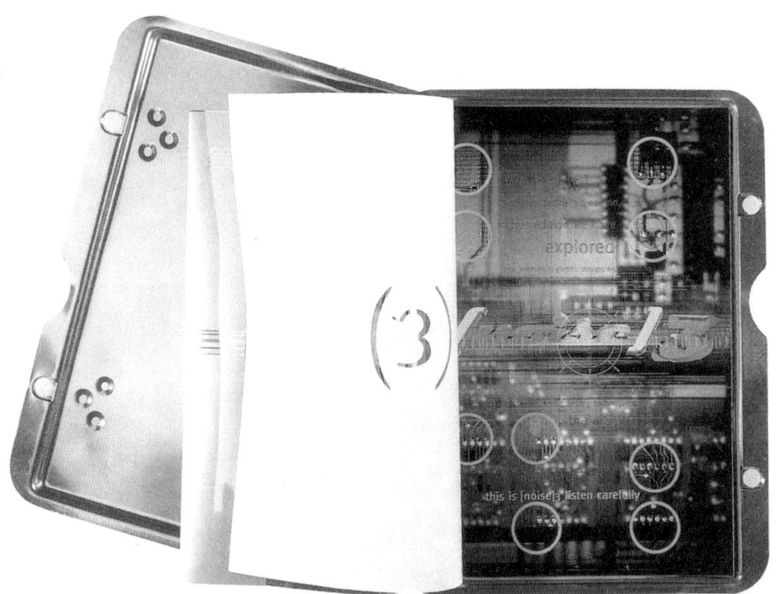

爱提克 /《天籁之音》第三卷 / 这本书本身是一个非常普通的产品，但包装设计精美，经过一系列特种印刷工艺过程，如激光裁切、有光泽的金属油墨、烫金、特种纸张等，书籍焕发出别样的风采。这本书的包装与书是分开的，包装用两页金属薄片浇模成型，被打了洞，内胆成为三维空间，书被放置在里面。这两页金属薄片是用四个角下垂的尼龙搭扣扣合在一起的，铆钉在这里起到装饰作用 /1998 年

折页的多种形式

赛恩工作室 / 《创意曲》 / 《创意曲》是一个反映声响装置艺术的展览，每年定期举办，赛恩工作室为 2002 年出版的画册进行整体设计 / 画册附有两张声响光盘。作为“听觉”艺术活动的纪念文献，光盘的重要性不言而喻。赛恩的解决办法独辟蹊径，光盘是圆形的，装订的铁环也是圆形的，出于整体的考虑，赛恩为画册确立了一个以圆为核心的视觉展示系统：通常页面直角被切为圆角；文字的段落与章节划分、目录的检索，甚至封面的标题，都由圆来贯穿。画面中到处跳跃的圆，奏出了当代实验声响艺术的节拍

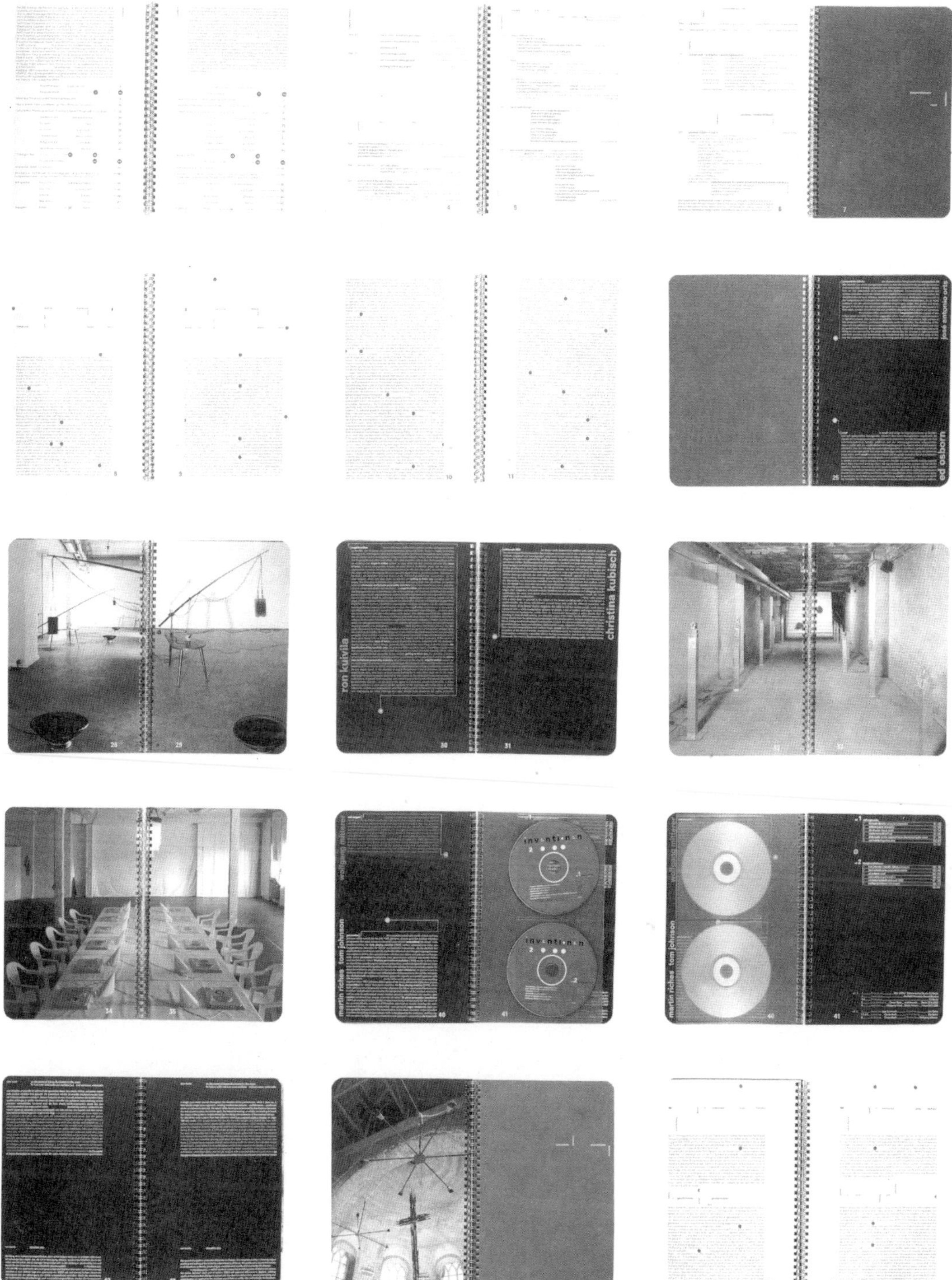

X 高度 /《Trans>6 》/ 这是一本英语和西班牙语两种语言版本的期刊，内容涉及艺术和媒体设计。这两组页面的设计处理为书增色不少，当你轻轻摇动这本书刊时，那些自由破损的细条和碎片，会打破你对这本看似普通的书的看法

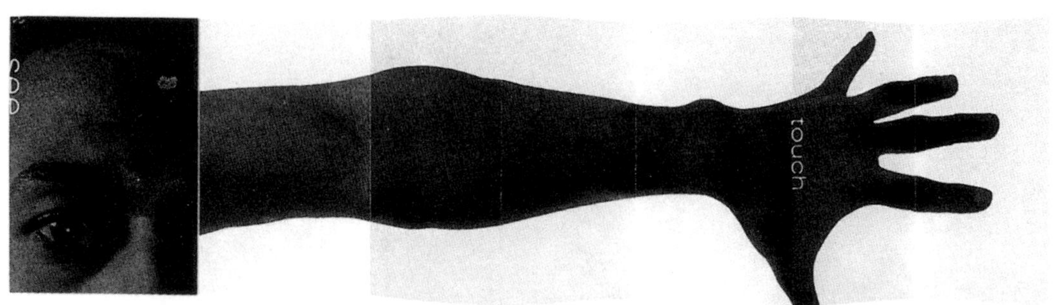

HGV /《看》/ 这本为纸张作宣传的小册子只有 A6 大小，用来为具有优良印刷质量的纸张作宣传，采用人体作为示范对象，模特的手臂形状随着小册子的展开而产生动态的变化

Katrin Tagder,Cologne / 室内设计青年奖作品集 / 这是一本有关建筑的书，书籍设计也尽量营造出空间的感觉 / 2000 年

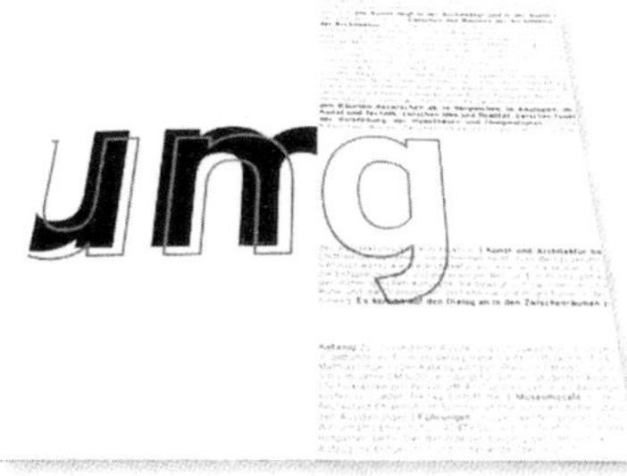

加里 · 克瑞恩 / 它一体验 / 作为一本限量出版的时装杂志《它》，被放入一个黑色高密度的泡沫箱里。盖子用“U”形有机玻璃固定，杂志的刊头采用白色丝网印刷，在盒子里面，是 10 个风琴折的作品

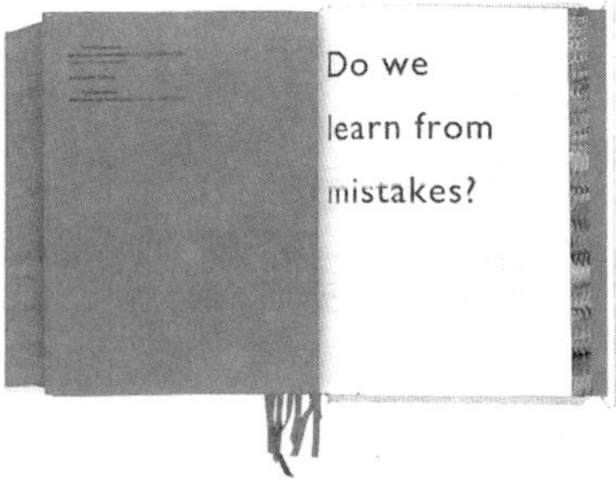

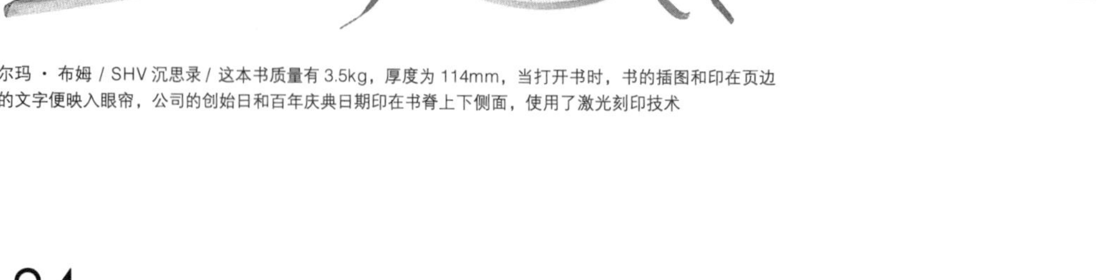

艾尔玛 · 布姆 / SHV 沉思录 / 这本书质量有 3.5kg，厚度为 114mm，当打开书时，书的插图和印在页边上的文字便映入眼帘，公司的创始日和百年庆典日期印在书脊上下侧面，使用了激光刻印技术

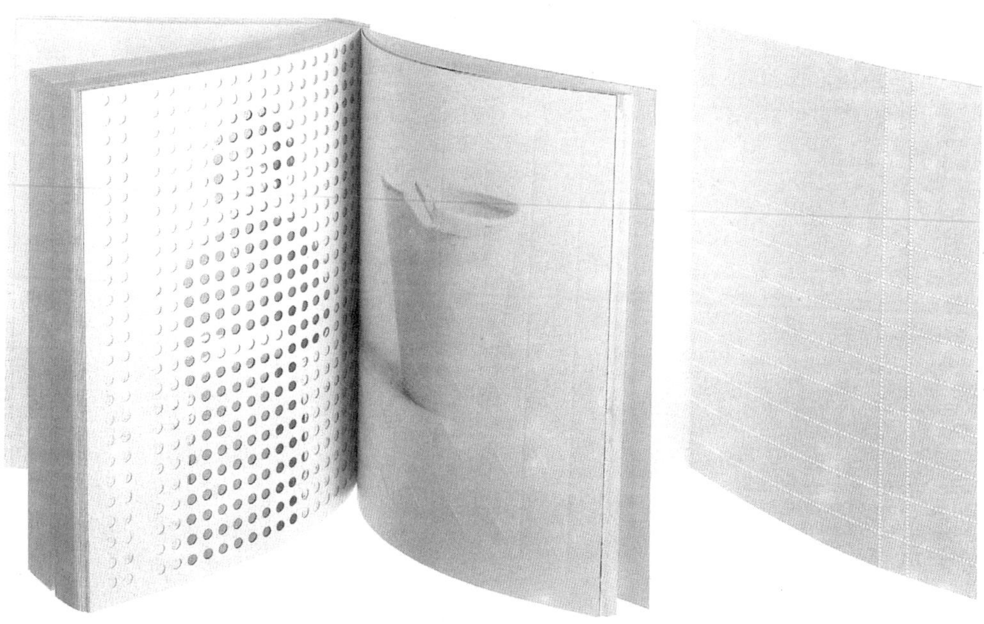

诺斯 / Panache/ 这本书是为 McNangtons 公司生产的一组纸张产品作宣传，它包括许多不同的章节，每一部分都用一张黄色的纸放在第一页来作为标记。书的大部分是空白的，只在后面部分介绍了不同的印刷工艺，如花纹击凸、UV 过油、穿孔、折转等，书的封面只有几组小圆孔排列

参考书目

[1] 王受之 . 世界平面设计史 . 北京：中国青年出版社 .

[2] 威利库兹 . 整体架构＋细腻之美 . 台北：龙溪国际图书有限公司 .

[3] 邓中和 . 书籍装帧 . 北京：中国青年出版社 .

[4] 党晟 . 字体 符号 版面设计 . 西安：陕西人民美术出版社 .

[5] 罗杰 · 福塞特 – 唐 . 装帧设计 . 北京：中国纺织出版社 .

图书在版编目（CIP）数据

版面设计/王俊编著．—2版．—北京：中国建筑工业出版社，2009
高等艺术院校视觉传达设计专业教材
ISBN 978-7-112-11257-9

Ⅰ.版…　Ⅱ.王…　Ⅲ.版式-设计-高等学校-教材
Ⅳ.TS881

中国版本图书馆CIP数据核字（2009）第155109号

责任编辑：陈小力　李东禧
责任设计：董建平
责任校对：王金珠

高等艺术院校视觉传达设计专业教材
版面设计
（第二版）
王俊　编著

中国建筑工业出版社出版、发行（北京西郊百万庄）
各地新华书店、建筑书店经销
北京嘉泰利德公司制版
廊坊市海涛印刷有限公司印刷
*
开本：787×960毫米　1/16　印张：13　字数：268千字
2009年10月第二版　2016年8月第八次印刷
定价：39.00元
ISBN 978-7-112-11257-9
（18520）